升级版

争，有你的世界

让的人生智慧课

石秀全 编著

中国华侨出版社

图书在版编目(CIP)数据

争与让的人生智慧课 / 石秀全编著.—北京:
中国华侨出版社,2011.6(2015.3 重印)
ISBN 978-7-5113-1475-8-01

Ⅰ.①争… Ⅱ.①石… Ⅲ.①人生哲学–通俗读物
Ⅳ.①B821–49

中国版本图书馆 CIP 数据核字(2011)第 100932 号

争与让的人生智慧课

编　　著 / 石秀全
责任编辑 / 尹　影
责任校对 / 吕栋梁
经　　销 / 新华书店
开　　本 / 787×1092 毫米　1/16 开　印张/17　字数/240 千字
印　　刷 / 北京建泰印刷有限公司
版　　次 / 2011 年 7 月第 1 版　2015 年 3 月第 2 次印刷
书　　号 / ISBN 978-7-5113-1475-8-01
定　　价 / 30.80 元

中国华侨出版社　北京市朝阳区静安里 26 号通成达大厦 3 层　邮编:100028
法律顾问:陈鹰律师事务所
编辑部:(010)6444305664443979
发行部:(010)64443051 传真:(010)64439708
网址:www.oveaschin.com
E-mail:oveaschin@sina.com

前 言
Qianyan

　　人是社会的动物，我们每一个人，都在与他人的相互竞争与相互支持中生活。当你每天早上起来，投入纷繁复杂的生活之中时，关于"争"与"让"的种种问题，就一一摆在面前。争斗、争取、争夺、争雄、争光、争宠，人人争先恐后，力争上游；出让、转让、谦让，让步、让利、让路，退一步风平浪静，让一分海阔天空。我们完全可以说，在人生的十字路口上，争与让的问题处理不好，你的生存质量就要大打折扣。

　　而什么时候要争，什么时候要让；在什么样的环境中面对什么人时要争，在什么样的环境中面对什么人时要让；争多少，让几分，都是难以把握的问题。

　　有问题，就要寻找解决问题的方法。要在争与让中游刃有余，我们需要掌握的基本原则是：1.人生的核心是竞争，让是争的策略。2.成功是一次向上的攀登，一个台阶也不能错过，在机会和正义面前，你需要争出朝气和激情来。3.一味地退让，是妥协、是懦弱，但是恰到好处地让，却可以帮助一个人展示胸怀、树立形象，争取更多的社会资源。

　　理清了争与让的脉络，具体操作起来就要因人、因时、因势而异了。

生活中总有不断的是非和纷争，即使你不去招惹别人，也会被外界的人与事所干扰，卷入纷争之中。有时候，一个人的成功潜力和开拓精神，会逐渐消磨在周围那些狗苟蝇营的争斗之中，所有的理想都能化为一场空。把握住自己的方法，是你必须要学会明智地"忽略"一些问题，不争意气、不争口舌，不争仨瓜俩枣的小利，不争把指挥棒交到他人手里的虚浮的荣宠。把你的力量用在刀刃上，争机会、争发展，争取更为广阔的生存空间和更有力的支持与扶助。

如果说争是进步的利器，让就是守护你人生根据地的盾牌。让的艺术，是表面上的谦和与内心的清醒淡定，也就是说，"让"是你的主动，而非为某人、某事、某种形势所逼迫。那种唯唯诺诺、胆小怕事的老好人，绝对不是懂得"让"的智者。他们在任何一个团队里都属于可有可无的闲杂人等，不论在上司、在同事心目中都面目模糊、无足轻重，决不是值得学习和跟进的榜样。我们应当树立这样一种思想：让是不争之争，让是一种像水一样柔和的力量，不动声色地缓缓推进，直至达成自己的目标。

对于那些勇于竞争的人，应该用"让"来加强自己的根基。事实上，至刚至强者往往立足不稳，也会遭到更多的抵抗与冲撞，也就更容易受到损伤。如果我们时时精于算计，事事锱铢必较，不给他人留半点儿余地，不甘心自己牺牲一点点利益，不愿意给后来者一点点扶持，那么我们与人之间的交往，必定极易出现剑拔弩张的局面。也许此时你占上风而他在下游，暂时奈何不了你，但是山不转水转，等时势易位时，你难免就要品尝自己酿下的苦果了。

一味地争强好胜，是莽夫；一味地退守忍让，是懦夫。争与让的智慧，是在争中留有余地，在让中铺垫积累，争中有让，让中有争，从而达到一种刚柔相济的和谐。一个人只有深谙进退之道，能审时度势，洞悉对方的意图，体察自己的处境，从而进退有节、挥洒自如，才能在社会竞争中立于不败之地。

目录

第一篇
争与让的真谛：
争的未必会得到，让的未必会失去

老子说："夫唯不争，故天下莫能与之争。"唯有不争的处世态度，天下才会没有人能与之抗衡。这不是保守和退缩，争也是分层次、分境界的，如果只凭一时的热情和冲动，或恃才傲物、或毕露锋芒、或猛打硬拼，结果大多力不从心、铩羽而归。要想真正把事做好、把人做好，我们需要一种积极而平静的力量，争中有退让，让中有进取，缓缓推进，直至达成心中的目标。

第1章 让三分优势与人，智者不争先手

大家都坐着的时候，先别急着表现 /2

流水不争先，暗中积蓄力量 /4

隐藏实力，适时地装糊涂才能获得成功 /7

多方面收集信息，做好规划再起步 /9

第2章 让三分风光与人，智者不争虚荣

在从天而降的荣誉面前稳住心神 /12

不遭人嫉是庸才，常遭人嫉是蠢材 /15

掂量好自己的轻重，不被虚名所误　　　/17

不动声色，等待最好的行动时机　　　/19

第3章　让三分余地与人，智者不争完胜

看起来很诱人的地盘，不一定适合你　　　/23

职责之外，手不要伸得太长　　　/26

留一条可行之路给对手　　　/29

根据事态变化，适时调整策略　　　/31

第4章　让三分利益与人，智者不争全鱼

做事找准双方的共同利益　　　/34

让他人尝到小甜头，使你更容易被接纳　　　/36

不吃"全鱼"，才能保证一直有鱼吃　　　/39

投桃报李，互惠互利形成稳定"关系"　　　/41

第5章　让三分功绩与人，智者不争荣宠

我们不是拥有太少，而是欲望太多　　　/44

老板的心思不要猜　　　/47

上司的"庇护"对你不是一件好事　　　/49

别因为爱当"心腹"而成为"祸患"　　　/52

第6章　让三分脸面与人，智者不争闲气

有的面子一定要给，有的面子一定不能要　　　/55

永远把对方放在"重要位置"　　　/58

展示才华时，不要使人相形见绌　　　/61

当"老二"有当"老二"的好处　　　/63

第7章 让三分口惠与人,智者不争小隙

大目标要紧,小纠纷不值得耗费精力　　　　　/66

不说"我"是第一,只说"我们"　　　　　　　/69

得意不忘形,抬高自己而不贬低别人　　　　　/72

睁一只眼睛处世,闭一只眼睛交友　　　　　　/74

第二篇
正确地争
能给人以朝气、激情和力量

"争"之前,需要韬光养晦,需要正确地判断形势,但是一旦你认为什么事情是必须要做的,就要义无反顾地投入其中。成功是干出来的,一味患得患失、拈轻怕重,就会失去成长的机会。年轻人应当勇于摒弃自己的那种僵化静态的观念,要真正认识到,确保自己的分内利益,是每个人都应承担的责任,它不但有利于自己的生存和发展,而且,间接地支持了竞争和发展的社会法则。

第8章 为进步而争,是争先

确立方向,目标太多等于没有目标　　　　　　/78

主角和龙套,志向决定命运　　　　　　　　　/81

好眼光挑"好"工作,以"发展力"为第一　　　/83

权衡得失,不留恋舒服却没有发展的地方　　　/86

第8章 为荣誉而争,是争光

追求成功,是每个人天赋之权利　　　　　　　/89

发现自己,人生不能敷衍　　　　　　　　　　/92

荣誉如阳光,可以从根本上照亮你平凡的生活　/95

从身边触手可及的地方开始寻找梦想　　　　　　/97

第*10*章　为大我而争,是争鸣

用发展的眼光看问题,不做蜗角之争　　　　　　/100

光明正大地争,是一种实力　　　　　　　　　　/102

做自己认为正确的事,不为外界的口舌动摇　　　/105

耐心越强,成功的可能性越大　　　　　　　　　/107

第*11*章　为公平而争,是争理

贫穷并不可耻,可耻的是甘做"末等公民"　　　　/110

要善于争取任何一项属于自己的权利　　　　　　/112

坚守做人的原则　　　　　　　　　　　　　　　/115

别总等人拉你一把,只有自己可以拯救自己　　　/117

人可以低一时,但不能低一世　　　　　　　　　/120

第*12*章　为机会而争,是争强

敢出头,把每个机会都当救命稻草　　　　　　　/123

一味回避风险就是回避成功　　　　　　　　　　/126

要尽力争取与上司"同舟共济"的机会　　　　　　/129

成功不怕晚,寻找一鸣惊人的机会　　　　　　　/132

第*13*章　为开拓而争,是争气

不满足小空间,大发展需要大平台　　　　　　　/135

积极尝试你以为不可能完成的任务　　　　　　　/138

有本事的人,决不和人挤独木桥　　　　　　　　/140

果断离开靠吃老本才能维系的地方　　　　　　　/143

与其抱怨,不如从改变自我开始 /145

第14章 为正义而争,是争节

常与人做琐屑之争,容易变成"小人" /148

把真理当成你犀利的武器,理直才能气壮 /151

坚持到底,退一步会导致步步后退 /154

第15章 为和顺而争,是争福

在"命令"之前,先学会服从 /156

和气与财气都比"骨气"要紧 /159

一笑泯恩仇,世上没有过不去的事儿 /160

第三篇
可敬地让
能给人以温暖、感化和醒悟

如果我们只知道趁风头正劲的时候盲目地开发,拼命地掠夺,无节制地浪费,自己的路就走绝了。有一些事情,表面上看来是获得,是胜利,但是从整体、长远看来却是损失。所以说一个人不光要有竞争的激情,也要有与人为善、团结一切可以团结的力量的心胸。这就要求我们能够自如地把握好自己屈伸进退的节奏,在面临人生大计的时候做出恰如其分的选择。

第16章 泰山不让土壤,河海不择细流,是一种让

朋友的数量与胸怀成正比 /164

培养"乐群性",享受"团体作战"的乐趣 /166

忌妒之心太盛,会把自己逼入死角 /169

点滴情谊累积起来威力巨大 /171

第17章 秀林新叶催陈叶,流水前波让后波,

推贤让能,是一种让

只摘够得着的苹果,不要羡慕高处的苹果　　　/174

做好自己位置上的事,才是你最好的工作表现　　/177

尊重前辈,关照后辈　　　　　　　　　　　　　/179

不挡贤者的道路,就是为自己铺路　　　　　　　/182

第18章 把方便让给别人,把困难留给自己,

是一种让

接受工作的全部,不只是益处和快乐　　　　　　/185

拈轻怕重,失去的远远比得到的多　　　　　　　/188

挑战困难,提升自我价值　　　　　　　　　　　/190

第19章 风物长宜放眼量,不计较一时的得失,

是一种让

"物质"是一时的,"人情"是长远的　　　　　　　/193

一次性机会不是真正的机会　　　　　　　　　　/195

支持与你意见相反的人,共同完成大事　　　　　/198

第20章 在冲突和矛盾面前主动寻求和解,

是一种让

你争我抢,两败俱伤　　　　　　　　　　　　　/201

以妥协的方式为自己争取权利　　　　　　　　　/204

顺时势而行,得来全不费工夫　　　　　　　　　/206

放低身段,"庸人"成为胜者　　　　　　　　　　/209

第21章 付出坦诚和信任,卸下对方的戒备之心,是一种让

忠诚是一种最稳妥的生存方式　　　/212

承认自己的错误,让自己无懈可击　　　/215

人情可以不做,做了就不要以"施恩者"自居　　　/217

做别人眼里的"可交"、"可用"之人　　　/219

摒弃"凡事自己来"的思想　　　/222

有效沟通,事半功倍　　　/224

第22章 主动承担责任,给事情一个公正的说法,是一种让

做人做事"职业化",一个台阶也不放过　　　/227

上司只要结果,不会判断谁是谁非　　　/229

承担责任,树立良好的职业形象　　　/231

不怕一时受委屈,最终的事实会为你说话　　　/233

不逃避,勇敢地担起责任　　　/236

责任之中蕴含着机会　　　/238

认真负责让你受益更多　　　/240

不要因为抱怨疏忽了细节中的责任　　　/243

没有值得抱怨的工作,只有不负责的人　　　/245

勇于负责,才能赢得他人的尊重　　　/247

不承担责任才是最大的风险　　　/249

在其位就一定要谋其职　　　/251

不必事事都要老板交代才去做　　　/253

第一篇

争与让的真谛：

争的未必会得到，让的未必会失去

老子说："夫唯不争，故天下莫能与之争。"唯有不争的处世态度，天下才会没有人能与之抗衡。这不是保守和退缩，争也是分层次、分境界的，如果只凭一时的热情和冲动，或恃才傲物、或毕露锋芒、或猛打硬拼，结果大多力不从心、铩羽而归。要想真正把事做好、把人做好，我们需要一种积极而平静的力量，争中有退让，让中有进取，缓缓推进，直至达成心中的目标。

第1章　让三分优势与人，
智者不争先手

在你还默默无闻不被人重视的时候，不妨试着暂时转移一下自己的物质目标、经济利益或事业目标，做好普通人、普通事，在学与做中观察对手的得失，决定自己的进程。

让人先走一步，不是对命运的屈服，也不是卑躬屈膝，而是在为未来做好铺垫和积累。

大家都坐着的时候，先别急着表现

就在我们身边，不难发现有这样的人，他虽然思路敏捷、口若悬河，但一说话就令人感到狂妄，因此别人很难接受他的任何观点或建议。这种人多数都是因为喜欢表现自己，总想让别人知道自己很有能力，处处想显示自己的优越感，从而能获得他人的敬佩和认可，但结果却往往适得其反，失掉了在人群中的威信。

在交往中，任何人都希望能得到别人的肯定性评价，都在不自觉地强烈维护着自己的形象和尊严。如果一个人的谈话过分地显示出高人一等的优越感，那么无形之中是对对方自尊和自信的一种挑战与轻视，排斥心理乃至敌意也就不自觉地产生了。

郑伟是一个聪明的小伙子，头脑灵活、思路敏捷。但是他总喜欢在别人面前炫耀自己的能力，在学校的时候就不是很受欢迎。毕业后，他去一家大公司参加应聘。主持面试的是公司的公关部经理，在同郑伟谈完一般情况后，他接着问道："我们公关部需要经常接待外宾，因此对外语有所要求，你在学校学的是哪一门外语，水平如何？"

"我学的是英语，成绩在学校总是数一数二！"

经理笑了一下，接着又问："做一个出色的公关人员，还要有多方面的知识和能力，你……"还没有等经理把话说完，他便抢着说："我认为这绝对不成问题，我在学校的各门考试成绩都在优秀水平，而且我的接受能力和反应能力都很快。"

"那么说，就你的学识来说，当一名公关人员是绰绰有余了？"经理问道。

"肯定没有问题，我敢保证！"郑伟斩钉截铁地说道。

"那好吧，今天我们的面试就到这里，你回去等通知吧。"经理委婉地说。

郑伟于是就满怀信心地回去等待公司应聘录用通知的到来，但是，他最终等到的却是不予录用的委婉致歉函。

身在职场、处于优势时，自然是可喜可贺的事。如果别人一奉承，你就马上陶醉而喜形于色，这就会在无形中加强别人的嫉妒心理。所以，面对同事的赞许恭贺，应谦和、虚心，这样不仅能显示出自己的君子风度，淡化同事对你的嫉妒心理，还能博得同事对你的敬佩。

"小姜毕业一年多就提升为业务经理，真了不起，大有前途呀！祝贺你啊！"在外单位工作的朋友小叶十分钦佩地说。"没什么，没什么，老兄你过奖了。主要是我们这儿水土好，领导和同事们抬举我。"小姜见同一年大学毕业的小吴在办公室里，便压抑着内心的欣喜，谦虚地回答。小吴虽然也嫉妒小姜被提拔，但见他这么谦虚，也就笑盈盈地主动招呼小姜的朋友小叶说："请坐啊！"

不难想象，如果小姜此时说什么"凭我的水平和能力早就应该提拔了"之类的话，那么小吴不妒忌才怪呢。

在社会上，言谈中多一些谦虚的话，就能有效地减弱同事们的嫉妒心理。

人心都是很微妙的，对于一个四处炫耀自己的人，大家都会不由自主地产生排挤心理："他那点儿成绩算什么呀！""没有我们的帮助，他能做到这一步吗？"各种抵制和不满的情绪就会扩散开来。而对一个低姿态的人,大家反而会记得他的成就。

其实,以低姿态出现在他人面前,更加容易让对方认可、接受;而毫不谦虚、妄自尊大、高看自己、瞧不起别人的人往往会引起他人的反感。而低姿态只是一种表象或假象,是为了让对方感到心理的满足,使他对你消除戒备心理,使他乐于和你合作。表面上谦虚的人,可能是非常聪明、工作认真的人。当你大智若愚的时候,当对方麻痹大意的时候,你的工作已经完成了一半。

法国哲学家罗西法古说:"如果你要得到仇人,就表现得比你的朋友优越;如果你要得到朋友,就要让你的朋友表现得比你优越。"在交往中,每个人都希望能得到别人的肯定。当我们让朋友表现得比我们优越时,他们就会有一种得到肯定的感觉,但是当我们表现得比他们还优越时,他们就会有一种自卑感,甚至对我们产生敌视情绪。

由此可见,还是谦虚一些好,谦虚谨慎是一种美德,更是每个人走好人生之旅的必备品质。只有谦虚,才会不断上进,才会善采人之长而补己之短,才会兢兢业业,从小事做起,严格要求自己,才会达到事业的成功。

谦虚的人往往能得到别人的信赖。因为谦虚,别人才不会以为你会对他构成威胁,而你正是因为谦虚才可以学到很多东西。因为谦虚,你可能会学到别人本来不愿意透露的东西。因为谦虚,你会赢得别人的尊重,为你与领导、同事、下属的关系建立一个良好的基础。因为谦虚,往往还能得到别人友善的帮助。

流水不争先,暗中积蓄力量

中国人有句老话:"吃得苦中苦,方为人上人。"所谓"人上人"并不是一般功利的想法;而是说,在你还默默无闻不被人重视的时候,不妨试着暂时转移一下自己的物质目标、经济利益或事业目标，做好普通人、普通事，这样你的视野将更广阔，或许会发现许多意想不到的机会。

5 年前，陈明 18 岁，高中毕业后进城谋生。在城里转了两天，总算找到了一份工作，就是当一名送水工。他一没有阅历，二没有工作经验，有的只是年轻力壮，当送水工正好合适。

他对每一位客户都很有礼貌，敲门总是轻轻的，进门总是把鞋子脱了，光着脚进屋，而且每送一次水，他都会记下客户的地址，并在心里默念上几遍。这样，下次送水的时候，就不用走弯路，可以走最近的路。如此一来，他的效率大大提高了，每天，他都比别人多送些水，他的收入也增多了。

一个送水工，一般每个月只有 500 元钱的收入，而他，也不过只有 600 元左右。那些送水工，干上一年半载不干了，另谋高就去了。而他，干了一年又一年。

5 年，对于一个工作辛苦的人来说，很长，但是对于一个工作快乐的人来说，则很短。陈明开开心心地当了 5 年送水工。5 年后，他终于辞职了。

辞职后，他用自己这些年的积蓄开了一家送水公司，大家觉得他必定失败无疑，因为城里的人家，早就订水，有固定的送水站了，他新开，谁订他的水？

人们却想错了，他没有失败，有很多人订他的水，订他的水的人，是他这些年认识的客户，以及客户的亲朋好友。每天，他的送水工来来往往地将公司的纯净水一桶桶地送出去。现在，他送水的业务占据了全城的一半。

有人问他是怎么出人意料地创造了这个奇迹的？他说，在这城里，干上 5 年送水工的人有几个？他们大多只干一年半载，而我一干就是 5 年，在这 5 年里，我结识了不少的客户，还跟他们的亲朋好友认识了。我给他们的印象都很好，我说我要开公司了，问他们订不订水，结果他们都表示愿意订我的水。况且，他们根本不记得我以前的那个送水公司，也不认那个公司，他们只认我这个人。如此一来，我的公司一开张就赢得了很多订水的客户！

踏踏实实地做下去是实现任何目标唯一的聪明做法。对于那些刚开始做自己事业的人来讲，不管被指派的工作多么不重要，都应该将其看成"使自己向前

争与让的人生智慧课

跨一步"的好机会。有时某些人看似一夜成名,但是如果你仔细看看他们过去的历史,就知道他们的成功并不是偶然得来的,他们早已投入无数心血,打好坚固的基础了。

成功是辉煌的,它背后的积累和准备工作却是无比艰辛和枯燥,当你厌倦或者有所动摇的时候,可以这样告诫自己:准备,是一步步接近希望的必经的历程。明日的成就,就是在为这段艰苦历程颁奖。

李锐从省城某高校大专中文系毕业后,被分配到县物资系统机电设备公司人秘科当了一名文书。李锐在大学期间是校文学社的领军人物,写得一手好散文。工作以后,他除了给单位写些新闻稿以外,更多地写起了新闻评论和杂文。两年后,他声名大噪,县检察院将他借调到政策研究室。

在县检察院,李锐更是妙笔生花,单位新闻、调研论文、杂文、评论全面出击,几乎天天有文章见诸报刊,深得领导喜欢。但李锐知道,自己只是"借调",要想从企业跨进行政这个门槛可不是轻而易举的。于是,他除了拼命工作之外,又报考了成人法律本科。经过4年努力,李锐终于取得了法律本科大学文凭。

这一年春天,全国举行国家公务员考试,李锐参加了县里的招收公务员考试。该县正好要招收一名法律专业的公务员,全县有两人报考这个专业,结果李锐考分高,理所当然过了关。不仅检察院要录取他,因为他经常给县审计局撰写文章,而且县审计局也向他抛出了"绣球"。最终这两家都未能如愿,李锐被县委组织部半路"截"了去。

有人认为李锐实在太幸运了。其实,未雨绸缪、积累本领才是李锐的精明之处,这也是他赢得幸运之神青睐的奥秘。成功不会刻意在职场路上等你,需要的是你自己的努力和不断地积累。

成功其实没有捷径,日积月累才能厚积薄发,只有拥有稳扎稳打的实力后,你才能够走向成功,急于求成是每一个人成功路上的绊脚石。人只有先糊口,先填饱自己的肚子,才可能有力量去追求发展。为五斗米折腰也好,吃眼前亏也好,归结起来就是:一个成功的人必须学会忍耐。一时的容忍并不是对命运的屈服,也不是卑躬屈膝，而是在为未来做好铺垫和积累。

《菜根谭》中曾有这样一段话：'伏久者飞必高，开先者谢独早，知此，可以免蹭蹬之忧，可以消躁急之念。"其意思是：长久潜伏在林中的鸟，一旦展翅高飞，必然一飞冲天；迫不及待地绽开的花朵，必会早早凋谢。凡事焦躁无用，身处横逆之中，只有善屈善忍，储备精力，一鸣惊人的机会一定会来临。

隐藏实力，适时地装糊涂才能获得成功

俗话说枪打出头鸟，先出头的椽子容易烂。锋芒外露，于交友、处世都不利。自恃满腹经纶，在人前口若悬河，人们难免将你视为狂妄自大之徒，当面对你"洗耳恭听"，转身却对你嗤之以鼻。在工作中要学会"夹起尾巴做人"，时时谦虚、事事谨慎，才能获得人脉与人缘。只有先当孙子，然后才能做老子。

从前有一个武功高强的武士，精通禅道，虽然他年纪很大了，但在和人交手时，仍然每次都能获胜。一天晚上，一个年轻力壮的武士前来拜访。年轻的武士不但武功高强，而且胆大妄为、横行乡里。他和人比赛的时候，经常用各种方法将对方激怒，逼得对方在无可奈何的情况下先出手，然后，自己抓住这个时机，平静而仔细地观察对方的缺点，一旦抓住对方的弱点，就以迅雷不及掩耳的速度进行反击。用这样的方法，再加上自己的超常武功，年轻武士在和人交手时，也是百战百胜。

年轻武士很早就知道老武士的声名，但因为年轻气盛，不把老武士放在眼里。他这次之所以前来拜访的目的就是踢馆，想用这种方法来提高自己的名望。弟子们担心老武士年龄太大，不是年轻武士的对手，都纷纷劝他不要接受挑战，或者挑选自己的年轻弟子迎战。可是，老武士既然接下了对方的战帖，就决定亲自与年轻的武士比赛。两大高手比赛的消息不胫而走，人们纷纷来到市区的大广

争
与
让
的人生智慧课

7

场前,观看这场激烈的比赛。

在比赛开始的时候,年轻武士像以前一样,开始侮辱老武士使其发怒,对老武士扔石头、香蕉皮,还往他脸上吐口水,甚至用脏话侮辱他,想以此来激怒他,但老武士根本不为他的行为所动。这样折腾了好几个小时,老武士始终一动不动,既不生气,也不抢先出手。这是年轻武士从来没有遇到过的情况,年轻的武士骂得嗓子都哑了,并且精疲力竭,已经没有力气和勇气向老武士进攻了。最后,血气方刚的武士自知不是老武士的对手,不战而退,灰溜溜地逃跑了。

回来后,老武士的弟子们都非常生气,很不理解地问老武士:"师傅,您为什么不好好教训一下那个狂妄自大的家伙呢?""就是!那小子太过分了,师父,您怎么能忍受?再说,这样也有损师傅您的声名。"面对弟子们的质问,老武士没有做解释,反而问自己的弟子道:"假如有人带着礼物来见你,你不接下礼物的话,礼物归谁?"弟子齐声回答道:"当然是归送礼的人。"老武士微微一笑,说道:"嫉妒、愤怒和侮辱难道不是同样的道理吗?如果这些东西你都拒收,它们还是归对方所有。"老武士最后说:"从对招的角度来说,他是有,我是无,无招胜有招。"弟子们听了老武士的解释,才明白了师傅的用意,从而也学到了其中的道理。

其实,真正的聪明人在与对方的较量中,总是不露锋芒,并隐藏自己的智慧,以此掌握更大的主动权,让对方尽情发言,等他把话讲完了,对他的心理状态也就一清二楚了。这样,就为后发的进攻提供了可靠情况。《易经》上说:"君子藏器于身,待时而动。"把握好藏与露的分寸,最后才能露出真正的锋芒。

秦朝末年,匈奴内部政权变动,人心不稳。邻近一个强大的民族东胡,借机向匈奴勒索。东胡存心挑衅,要匈奴献上国宝千里马。匈奴的将领们都说东胡欺人太甚,国宝决不能轻易送给他们。匈奴单于冒顿却决定:"给他们吧!不能因为一匹马与邻国失和。"匈奴的将领们都不服气,冒顿却若无其事。东胡见匈奴软弱可欺,竟然向冒顿要一名妻妾。众将见东胡得寸进尺,个个义愤填膺,冒顿却说:"给他们吧,不能因为舍不得一个女子与邻国失和!"东胡不费吹灰之力,连连得手,料定匈奴软弱,不堪一击,根本不把匈奴放在眼里。这正是冒顿单于求之不得的。不久之后，东胡看中了与匈奴交界处的一片茫茫荒原，这荒原属于匈奴的领土。东胡派使臣去匈奴，要匈奴以此地相赠。匈奴众将认为冒顿还会继续忍让，这荒原又是渺无人烟之地，恐怕只得答应割让了，谁知冒顿此次突然说道："千里荒原，杳无人烟，但也是我匈奴的国土，岂可随便让人？"于是，下令集合部队，进攻东胡。匈奴将士受够了东胡的气，这一下，人人奋勇争先，锐不可当。东胡做梦也没想到那个痴愚的冒顿会突然发兵攻打自己，所以毫无准备。仓促应战，哪里是匈奴的对手。战争的结局是东胡被灭，东胡王被杀于乱军之中。

就算自己具有相当强大的实力，只要故意不露锋芒，就会显得软弱可欺，这样才可以麻痹敌人、骄纵敌人，然后再伺机给敌人以措手不及的打击。

冒顿是糊涂人、聪明心，他隐藏真正的实力，待机而动，这才是糊涂人的可怕之处。身在激烈竞争中的人们，要想不被竞争淘汰出局，要想稳操胜券，从众人中脱颖而出，就学学冒顿吧：做一个糊涂的聪明人，隐藏实力，隐而不发，示之以弱，故意让对手认为你不具威胁因而轻视，等到其大意而来、弱气尽露时，则一举击溃对方，一战而定！

多方面收集信息，做好规划再起步

古语有云："凡事预则立，不预则废。"这就是告诉我们，做什么事情都要有计划，没有计划的工作好比一团乱麻，摸不着头绪。一个人的人生需要规划，要一步一步做好计划和打算；企业需要统筹策划，不懂策划者，就不能明白"磨刀不误砍柴工"的道理。

做事求稳健，这就要求我们不但要明白自己前进的方向，找到前进的道路，而且要把路上的每一道小沟、每一个拐角都了然于胸。孙子说："不知彼而知己，一胜一负；不知彼，不知己，每战必败。"这句话虽然很容易理解，但实际做起来却颇难。处于现代社会中的人，均应以此话来时时提醒自己，无论做何种事均应做好事前的调查工作，确实客观地认清自己的具体情况，才能获胜。不做事前的调查研究，只凭一腔热血，说做就做，不计后果，最后只能是以失败告终。

所以，我们无论做任何事，都要认真地做出周密的计划，不要盲目，更不要急于求成，要量力而行，一步一个脚印，才能不摔跟头或者说少摔跟头，也唯有这样才能成功。

1989 年 4 月 20 日，一场罕见的冰雹席卷了整个泸州市，也让罗代榕所在单位泸州长城机电厂劳动服务公司陷入了瘫痪。罗代榕回家待岗了，时年 32 岁，女儿刚刚 1 岁。

为了生活，罗代榕做过搬运工，也卖过大碗茶，在这几年的工作中她越来越强烈地认识到：自己才是救世主。

1992 年 3 月，善于思考的罗代榕东拼西凑借来一笔钱，伙同两位朋友尝试了人生第一次风险投资——开了一个加油站，但加油者却寥寥无几，一年下来，没入的钱全部亏进去了。更为雪上加霜的是：两位朋友也撤了资，罗代榕负债累累。

为什么会这样呢？日思夜想中，一个念头闪过，要是有自己的车队来加油，不就能带动其他汽车来加油了吗？随即，罗代榕果断地找亲戚借来房产证做抵押，贷回两万多元作为开办费，租赁当地农行 5 辆夏利车，成立了泸州市金梦出租汽车公司。策划有方，1994 年，金梦出租汽车公司有了微薄利润。

终于看见希望了，罗代榕如释重负。1995 年，在泸州当地首次举行的公开拍卖出租车经营权会上，罗代榕在别人惊讶的目光中，贷款买下了 20 多辆出租汽车的经营权。随后，1997、1998 年，罗代榕又一口气收购了汽车修理厂，兼并汽车运输公司，开设汽车配件销售网点。从运输、加油到配件，走的是一条几近完整的产业链路子。精明的女人，在最关键时刻走出了最精明的一招棋。

企业大了，罗代榕从整合开始加强内部管理。1999 年，她关闭了一些规模小的企业，"组合优势资源，集中向外发展"。2000 年，罗代榕与新疆油田、北京中油等企业签署了合作协议，并共同出资组建公司。此外，她还以 3000 万元收购了四川煤化股份有限公司。到 2001 年泸州金梦煤化集团成立时,罗代榕已是千万富翁。

要做大事,必须先确立"立志在我,成事在人"的思想。那些有做大事、立大志的人,头脑里要有 3 个重要问题必须是非常明确的:我现在的位置在何处?我下一步的发展规划是什么?我将如何做到这一点,何时做到这一点?谋划得当,才可以避免那种被客观环境、外部影响牵着鼻子走的状态。

争
与让
的人生智慧课

第2章 让三分风光与人，
智者不争虚荣

我们在做人与处世的过程中，不必靠表面上的荣耀立足。一切以人为本，该怎么做就怎么做，该追求自己的人生目标，就不要被眼前的花环、桂冠挡住了前面的道路，你应该毫不犹豫地抛开这一切身外之物，走自己的路、干自己的事，不因小成就妨碍自己的大成功。

在从天而降的荣誉面前稳住心神

俗话说：有福同享，有难同当。当你在工作和事业上干出点名堂、小有成就时，这当然是值得庆幸之事，你也应当为自己高兴。但是有一点，如果这一成绩的取得是大家的功劳，你千万别独占，否则他人会觉得你自私不可交，抢占了自己的成绩。如果某项成绩的取得确实是你个人的努力，当然应该值得高兴，而且他人也会向你祝贺，但你千万别高兴得过了头，一来可能会伤害有些人的自尊心，另一方面，现实社会中患"红眼病"的人不少，如果你过分狂喜，可不就逼得人家眼红吗？

某公司，按照公司业绩提成的管理制度，主管会得到一笔数目不小的奖金。老板很是高兴有这样一位得力的助手，庆幸自己没有看错人，决定在公司的例会上把她推为典型，以此激励其他员工，于是特意安排这位主管作演讲。

这位主管在她的讲话中,把自己的业绩归功于自己是如何的调配人员?是如何的有技巧?处理大订单是如何的果断和聪明,以及如何辛苦加班。她说的这些确实很对,可以说没有丝毫的夸张,她一直也都是这么做的。整场报告她就坦然地接受员工对她的祝贺和上司对她的表扬。从始至终,她没有对老板的信任表示感谢,更没有提及同级部门的合作和下属的努力。下属和同事们开玩笑要她请客庆祝一番的时候,她却一本正经地说:"我得奖金,你们用得着这么起劲吗?下次我会拿更多,到时再考虑考虑……"

可是到了下个月,这位主管不仅没有拿到奖金,还因为没有完成销售任务而被扣掉了当月奖金。可悲的是,她没有注意到下属越来越懒散,老板也开始故意为难她了。

一个工作勤勤恳恳的人最终却不一定能成为受欢迎的人,是不是很不公平?聪明的人即使有才华,也会藏拙,这是一种能量的内敛,也是保护自己的有效手段。他们明白,不能把自己的心理能量浪费在无谓的人际斗争中,不卷进是非、不招人嫌、不招人嫉、不动声色地把自己要做的事情做好、做出色,这才是最重要的事情。即使是小试锋芒,也只能偶露峥嵘。而独享荣誉是一个最容易让别人胸怀不满、心生恨意的不良习惯。

其实再美味的蛋糕也不能一个人吃得干干净净,应付好了周围人等,就可以缓解种种鸡毛蒜皮的争斗,给自己省下不少力气来。我们在电视中常可见那些得了各种奖项的人,在台上啰啰嗦嗦一大堆,感谢领导、感谢同仁乃至感谢为公司做清洁的大妈。这些客套话,观众也许会听得打呵欠。可换个角度想一下,如果他是你身边的人,如果他提到的名字里有你呢?滋味一定大不相同了吧?与人分享荣耀,可使大家酸溜溜的心理得到些平衡,可谓是继续团结协作的润滑剂。

李旭年纪轻轻,但是工作能力很强,不到一年的时间,他就得到了很好的发展,领导也非常看好他。

有一次,他独立完成了一个非常好的项目,开会的时候,大家就向他讨教经验。李旭高兴地说:"这其实是我已经酝酿了一两个月的时间才提出的方案,常常夜里还在思考。经过仔细计划之后我才打的报告，执行的时候全力以赴，所以才会有这么好的结果。"

听了这些话之后，领导周总监觉得完全没有面子，他的面子都被李旭抢了，于是就站起来说："这个结果实际上并不如你当时给我呈现的计划那样好，原本可以做得比现在好。虽然你已经尽心尽力，但是我觉得还是不如意。"

领导的话让李旭非常吃惊，回家后，就和父亲谈起了这件事情。父亲退休前是多年的领导干部，一听完，就告诉李旭他错在哪里。原来李旭的那一番发言，抢了领导的功劳。有的功劳，让来让去，大家都有功劳；抢来抢去，大家都没有功劳。

而且，父亲还语重心长地说："不要认为在开会时，提一下领导的帮助只是客套话，实际上，没有领导的信任，你的项目就无法展开。"

果然，一次偶然的机会，开会又提到了这个项目，李旭再次发言的时候，就非常有分寸。他说："这件事情都是在周总监的高明指导之下我才能完成，做得不好请大家指教。"

当时，周总监就站起来说："做得很好。没什么不好，我只是偶尔做了一些指导。"

所以，有了荣耀要懂得分享。口头上的感谢也是一种分享，这种分享可以无穷地扩大范围，反正礼多人不怪！另外一种是实质的分享，别人倒也不是要分你一杯羹，但是你主动地和别人分享会让人有受到尊重的感觉。如果你的成就事实上是靠众人协力完成的，那么你更不应该忘记这一点。实质的分享有多种方式，小的荣耀请吃糖，大的荣耀请吃饭。吃人嘴软，拿人手短，分享了你的荣耀，他们就不会和你做对了。

所谓：留一步，让三分，不仅给别人留一条活路，也是拓宽人际资源的绝妙之策。今天你让了他一步，明天他会还你两步，等于交了一个好朋友，在社会上打开一道通往成功的方便之门。如果你不懂利益均沾原则，凡是好处都自己独吞，那么即使有惊世的才华也只能是无用的白纸！如果学点分享主义，将好处、利益分给众人，让每个人的心理得到平衡，这样大家肯定会通力合作，协助你顺利成功。

不遭人嫉是庸才，常遭人嫉是蠢材

在现实生活中，存在着这样一种自视清高的人：他们锐气旺盛、锋芒毕露，处世则不留余地，待人则咄咄逼人，有十分的才能与聪慧，就十二分地表露出来。他们往往有着充沛的精力、很高的热情，也有一定的才能，看不起眼前的任何人，大有一种"一览众山小"的架势，这种人常自以为是、高高在上，这种人的处世哲学是高调做人，有一点本领就觉得自己有七十二般武艺，到处张扬。殊不知，这种人在人生旅途中往往遭受挫折，甚至酿成悲剧。其原因主要是他们看不到或不明白人的"知"与"不知"的相对性，有一点聪明、有一点成就就趾高气扬，觉得自己无所不知、无所不能。其实，世界之大，天外有天，人外有人，你又怎能穷尽呢？过于卖弄聪明、锋芒毕露，觉得自己全知全能，肯定要碰钉子。

唐代的顺宗在做太子时，亦豪言壮语，慨然以天下为己任。在中国古代太子有能力、服人心，自然也是顺利当上皇帝的一个条件。但如果太子能过父皇，又往往有逼父退位的举动，就非常危险了，往往会遭父皇的猜忌而被废黜。聪明的太子因此必须不能表现出太强的才干，造成太响的名气。顺宗做太子时，曾对东宫僚属说："我要竭尽全力，向父皇进言革除弊政的计划！"他的幕僚告诫他："作为太子，首先要尽孝道，多向父皇请安，问起居饮食冷暖之事，不宜多言国事，况且改革一事又属当前的敏感问题，如若过分热心，别人会以为你邀名邀利，收买人心。如果陛下因此而疑忌于你，你将何以自明？"太子听后如雷贯耳，于是立刻闭嘴黜音。德宗晚年荒淫而又专制，太子始终不声不响，直至熬到继位，方有唐后期著名的顺宗改革。而隋炀帝的太子杨暕就没那么好的涵养了，一次父子司猎，炀帝一无所获，太子却满载而归，炀帝本来就感到太子对自己不够尊重，这一下被儿子比得抬不起头来，于是寻了个罪名把杨暕的太子名号给废了。

同为太子,顺宗审时度势终登皇帝之位,而杨暕却到处炫耀,处处表现自我,功高盖主,后被废黜,可见锋芒能否适时显露,事关一人的前途命运。

在人的本性中都有喜欢张扬的因子,因为张扬能满足人的虚荣心。这一点在聪明人身上表现得淋漓尽致。但是,有句老话叫做"枪打出头鸟",喜欢张扬的人总会给自己带来麻烦。所以,在这个变幻莫测的世俗中,做人不能太高调,在日常生活和工作中要善于掩藏自己的长处,不要总是夜郎自大,而应当谦虚,否则容易暴露自己的弱点或短处,也容易引起别人的忌妒。要懂得"真人不露相"的做人道理。

杨芊是个精明能干的女人,年纪轻轻便受到老板的重用,每次开会,老板都会问杨芊对某个问题怎么看。杨芊的风头如此之劲,公司里资格比她老、职级比她高的员工多少有些看不下去。

杨芊观念前卫,虽然结婚几年了,但打定主意不要孩子。这本来只是件私事,但却有好事者到老板那里吹风,说杨芊官欲太强,为了往上爬,连孩子都不生了。这个说法一时间传遍了整个公司,杨芊在一夜之间变成了"当官狂"。此后,杨芊发觉,同事看她的眼神都怪怪的,和她说话也尽量"速战速决",一道无形的墙隔在了她和同事之间。杨芊很委屈,她并不是大家所想的那么功利呀,为什么大家看她都那么不屑?

在职场中锋芒太露,又不注意平衡周围人的心态,有这样的结果并不奇怪。杨芊并非是目中无人,只是做人做事一味高调,不善于适时隐藏自己的锋芒。

真正聪明的人,不会自以为是,他们为人处世以谦虚好学为荣。常以自己的不足或不如人而谦逊,希望能够得到更多的学习机会向别人求教,丰富和完善自我是他们的目的。即使自己确有才智,也不会四处去出风头,不去刻意地炫耀或展示自己。

其实,真正决定员工的升迁和命运的,是他所做出的业绩。业绩是实实在在的东西,做了多少、做得如何,别人都看得清清楚楚。到处显摆自己的成绩,和同事们抢功劳,喜欢出风头,也许可以争取到短期的利益,但是从长期来看,实在是不明智的举动。

孔子告诫世人："企者不立，跨者不行。自见者不明，自足者不彰，自伐者无功，自夸者无长。"而如果一个人不懂得夹起"尾巴"，一味不遗余力地表现自己，一定会遭到别人的嫉恨和非议。所以，即使在个性得以张扬的现代社会，我们的聪明才智也有了发挥的天地，但是"夹着尾巴做人"的生存规则依然不可放弃。

掂量好自己的轻重，不被虚名所误

我国古代诗人屈原说："善不由外来兮，名不可虚假。"希望得到别人的尊重是正常的，但这种尊重的前提是自己有所作为，而并非无所作为、弄虚作假，否则，即使眼下得到尊重，终有一天也会露出麒麟皮下的马脚来。

中国古籍中有这样一则故事：齐国有一位穷汉，娶了一妻一妾，他祖上可能发达过，现在落魄了，而他的面子可低不下来，在自己的妻妾面前也忘不了打肿脸充胖子，对她们说经常有贵客宴请他，每次回来都装出酒足饭饱的模样，实则是跑到东门外的墓地里去乞讨上坟人的祭品，他就是这样"赴宴"的，回来还趾高气扬地对着妻妾发威，摆足豪门子弟的架势，生怕别人瞧不起，丝毫也不感觉惭愧、可耻，在他看来这样才算有面子。

虚荣心过分的人，总是从某种个人动机出发，追求一种暂时的、表面的、虚假的效果，甚至弄虚作假、欺诈骗取，完全失去了从行为的社会价值来评价自己行为的能力，其行为目的仅仅在于取得荣誉和引起普遍注意，得到周围人的赞赏和羡慕。

心理学上认为，虚荣心是自尊心的过分表现，是为了取得荣誉和引起普遍注意而表现出来的一种不正常的社会情感。有的人在虚荣心的驱使下，往往只追求面子上的好看，不顾现实的条件，最后害了自己。

其实，爱面子本是一件正常的事，起码表明人们还有自尊心和自己的人格。

问题在于，人们用爱面子的心态去维护自尊的目的往往发生了偏离。从深层考虑，人们"爱面子"的行为表现通常是为了在别人的眼前炫耀，是为了把自己在别人心目中的"评分"提高一些而已，而这些行为表现也不一定合乎社会、他人和自身的利益。说到底，很多人的"要面子"就是要博得别人羡慕的眼光、赞赏的语言和自己那种高人一等的飘飘然的感觉而已。

有位女士叫冯艳，曾是一位拥有数处豪宅、开着凌志车出入的款姐儿，她一掷千金的豪爽大方引得众人惊羡，也为她自己赢得了"富贵侠女"的美誉。然而，几乎是在一夜之间，冯艳突然销声匿迹，她的豪宅和名车也都易主。一个千万富姐缘何突然一贫如洗呢？

冯艳与丈夫李刚结婚时，李刚还只是一个被人瞧不起的某化工厂的临时工。为了与李刚结婚，父母都与她断绝了关系。为此，冯艳发誓一定要挣回面子。几年之后，冯艳终于等来了艳阳天。李刚果然大发了，成了房地产老板，身价过亿。

丈夫有出息了，冯艳觉得应该挣回面子。她对丈夫说："咱们结婚的时候，婚礼办得太寒酸了，我一直在人面前抬不起头。你要是真想给我挣回面子，就给我补办一场风风光光的婚礼！"丈夫二话没说，一口答应了。冯艳在一家豪华大酒店补办了一场隆重气派的婚礼。那天的酒席一共摆了46桌，迎亲车队是清一色的高档豪华进口轿车，省电视台一位主持人为他们主持了婚礼。冯艳的父母终于放弃成见，满面春风地出席了女儿的婚礼。

爱慕虚荣撑起了冯艳越来越大的胃，她要求当了房地产开发商的丈夫每盖一片楼，都要留下一套自住宅。短短四五年的时间，他们就拥有了11套住宅。每次和朋友一起聚会时，冯艳都慷慨埋单，给服务员的小费一出手就是四五百。

有一次聚会，冯艳的一位好朋友被小偷割了包，丢失了2000元现金和一部手机，沮丧得没有心思唱歌。冯艳听说后，当即打开包甩给她一杳钱说："不就是两三千块钱吗？我补偿你的损失！"冯艳的豪爽、大方和仗义，使她在圈子里赢得了"富贵侠女"的美誉。然而，在丈夫眼里，妻子变得越来越让他不可理解，越来越让他反感。昔日纯真的冯艳，仿佛变成了童话故事中的那个不断向小金鱼索要财宝、贪得无厌、俗不可耐的渔婆。终于，两人的婚姻走到了尽头。

离婚之后，冯艳好不容易挣来的面子又没了，她一下子从无限风光的顶峰跌落了下来。但她把面子看得比生命还重要，她不能让人们看她的笑话，她要不惜一切代价把丢失的面子挽回来。这样，她陆续卖掉了从前夫那里得来的6处房产和豪车来维持富姐的面子。

本来，冯艳如果不是为了面子，靠着几处房产，下辈子的生活完全不用担心。可是，就是为了保住面子，她丢了婚姻，丢了仅有的财产，甚至还执迷不悟，这不能不说是一个悲剧。

一个人的需要应当与自己的现实情况相符合，否则就会出现偏差——如通过不适当的手段来获得满足，在条件不具备的情况下，想要达到自尊心的满足就会产生虚荣心。因此，有的人说虚荣心是一种歪曲了的自尊心是有一定道理的。

人应该在交往中学会做最真实的自己，不必戴着伪装的面具来生活，一切以真实为本，该怎么做就怎么做，该追求自己的人生目标，就不要被眼前的花环、桂冠挡住了前面的道路，你应该毫不犹豫地抛开这一切身外之物，走自己的路、干自己的事，不因暂时的小成就妨碍自己的大成功，这样，才能使你获得真正的荣誉。

不动声色，等待最好的行动时机

有的人心里藏不住事，一冲动便喜欢和盘托出全部真相，人生中并非所有真相都可以讲。真诚固然可贵，却不是人人都是以诚相待。尤其是刚刚走入职场的年轻人，更不可以满世界地去张扬。《易经》中的"潜龙在渊"，指的就是君子待时而动，要善于保存自己的实力，切不可轻举妄动。

在山区有一种鸟，捕鱼的技术十分高明。这种鸟体态十分轻盈，浑身羽毛油黑发亮,像一个小精灵。它在岸边的枝头上停下的时候,头颈的转动频率之快十分惊人,大约一秒钟就有3次左右。这样做的目的,是为了不放过任何一次猎物出现的机会。果然,它瞄准了一处深水湾,那里鱼儿成群,正在来回游动。它得意地用嘴整理一下羽毛,而后挺直身子,子弹一样射向正对深水湾的空中,稍一停顿,又炮弹一样"嘟"地一声扎进水湾。

我们一定以为它在这一瞬间会叼起一条鱼来的,其实错了——它是直入水底后迅疾将身子收作一团,蜷缩在湾底的砂石上。起初被惊得四散而逃的鱼儿见没有什么动静后,又慢慢聚拢过来,好奇地看着那团射进水里的、在阳光下显得十分怪异的东西,有的鱼儿甚至凑过去试探地叮咬几下,希望那是一口美味。

此时的它,看似不动声色,其实正微张双眼四下观望,很快就瞄定了一条又大又肥的鱼儿。待这条大鱼游到它攻击的最佳位置时,便从湾底展开身子,箭一般射出去。那鱼儿尚未反应过来,便被它叼住,蹿离水面,落在岸边的枝头上。

许多刚从学校毕业的年轻人,不懂得这种心理,总是夸耀自己的学历、本事和才能,希望自己能早日被重用。其实,假如你比别人真的聪明,也不一定非张扬着让满世界的人都知道,时间会证明一切的,"是金子总是要发光的"。如果一件事情你事先张扬,但又没做成,人们就会嘲笑你、轻视你。如果一件事情你对谁也没说,但做成了,那么大家就会说你做得对!

东汉末年,曹操凭自己的权势挟天子以令诸侯,刘备虽为皇叔,却势单力薄,为防曹操谋害,不得不在住处后院种菜,亲自浇灌,以蒙蔽曹操。但是关云长和张飞被刘备蒙在鼓里不知情,所以,他们认为刘备不关心天下大事,却学小人之事。

一天,刘备正在浇菜,曹操派人请刘备,刘备只得胆战心惊地一同前往拜见曹操。曹操不动声色地对刘备说:"在家做得大好事!"说者有意,听者更有心,这句话将刘备吓得面如土色。曹操又转口说:"你学种菜,不容易。"这才使刘备稍稍放下心来。

曹操接着说:"刚才看见园内枝头上的梅子青青的,想起以前一件往事,今天见此梅,不可不赏,恰逢煮酒正熟,故邀你到小亭聚一会。"刘备听后心神方定。随曹操来到小亭,只见已经摆好了各种酒器,盘内放置了青梅,于是就将青梅放在酒樽中煮起酒来了,二人对坐,开怀畅饮。

酒至半酣,突然阴云密布,大雨将至,曹操大谈龙的品行,又将龙比作当世英雄,问刘备,请他说说当世英雄是谁。刘备装作胸无大志的样子,说了几个人,都被曹操否定。曹操此时正想打探刘备的心理活动,看他是否想称雄于世,于是说:"夫英雄者,胸怀大志,腹有良谋,有包藏宇宙之机,吞吐天地之志者也。"刘备问,谁能当英雄呢?曹操单刀直入地说"当今天下英雄,只有你和我两个。"

刘备一听,吃了一惊,手中拿的筷子也不知不觉地掉在地上。正巧突降大雨,雷声大作,刘备灵机一动,从容地低下身拾起筷子,说是因为害怕打雷才掉了筷子。

曹操此时才放心地说:"大丈夫也怕雷吗?"刘备说:"圣人对迅雷烈风也会失态,我还能不怕吗?"刘备经过这样的掩饰,使曹操认为自己是个胸无大志、胆小如鼠的庸人,曹操从此再也不怀疑刘备了。

而刘备正是凭着这种深藏不露的本事,在曹操面前藏锋露拙,故意装糊涂才最终骗过了多疑的曹操,使他放下了对自己的戒心,保住了自己的小命。其实曹操也算是聪明之人,但与刘备相比,却又稍微逊色了些。正是因为刘备的藏锋露拙,才有了后来三分天下的历史。

收敛锋芒,韬光养晦,使自己在与人共事时留下较大的回旋余地,是一种必要的自我保护,也是一种更为灵活,同时效率也更高的人生成功招术。如果不分时机和场合,不看对象,时时处处锋芒毕露,只能失败,甚至会遭到厄运。

俗话说得好:"小不忍,则乱大谋。"做大事者,能控制自己的情绪,不动声色,不泄露自己的底牌,做出对大局不利的事情。一定要明白什么是应该说的,什么是不可以说的。不该说的话,无论在什么情况下,面对什么人都应守口如瓶,不能泄露半点。

所以,一个人要想在社会上生存、成大事,就必须懂得藏锋露拙,把自己所具有的本领和才能深深地隐藏起来,伪装得如同什么也没有一样,也就是静不露机、蓄而待发。否则，在时机不成熟的情况下，过早地暴露自己的意图，一定会遭到失败。所谓"谋出于智，成于密，败于露"就是这个道理。过于突出的表现会让你身边的人忌恨你，疏远你，注意收敛自己、自制是保护自己的一种策略。

第3章　让三分余地与人，
智者不争完胜

在现实社会中，人们时时刻刻都在上演着生存空间的竞争、出人头地的竞争。既然是竞争就有一定的残酷性，但也并非就是"你死我活"，给对手一条生路，等于是给自己留一条退路。以此为原则，根据形势做出正确判断，知道什么事情该做，什么事情不该做，是一种智慧，更是一种气度。

看起来很诱人的地盘，不一定适合你

每个人自从懂事时起，就会问自己这样的问题：我是谁？我从哪里来？我往哪里去？这是人生最复杂的问题，又是人生必须面对的问题。人生的很多问题在一定程度上都决定于能不能对自己有个正确的认识。

有一则《井蛙归井》的寓言说：井里的青蛙向往大海，请大鳖带它去看海，大鳖欣然同意。青蛙见到一望无际的大海，惊叹不已，急不可待地扑进大海之中，却被一个巨浪打回海滩，摔得晕头转向。大鳖见状，就让青蛙趴在自己的背上，背着它游。青蛙逐渐适应了海水，能自己游一会儿了。过了一阵子，青蛙有些渴了，但它喝不了又苦又咸的海水；它又有些饿了，却怎么也找不到一只可以吃的虫子。青蛙对大鳖说："大海的确很好，但以我的身体状况，不能适应海里的生活。看来，我还是要回到我的井里，那儿才是我的乐土。"

争与让 的人生智慧课

这则寓言告诉我们：要正视自己，不要去做超越自己能力的事情；给自己以准确定位，把自己该做的事情做好。记住，井底之蛙有井底之蛙的生存空间，河边之蛙有河边蛙的生存环境，田间之蛙有田间蛙的生存条件。忽视自己的生存价值而盲目追求，是可怕的。一个公司员工尤为如此，给自己准确定位至关重要。

乔治毕业于法国一所著名的工程学院，毕业后，他毫不费力地找到了一份专业对口的工作。但是，几年后，他越干越力不从心。后来，他回忆说，工程师需要一种严肃而自律的精神，但是，自己恰恰缺少这种精神。与此相反，他性格外向，富有亲和力，又特别钟爱四处活动。按部就班的工程师工作很难使他获得心灵上的满足，提高不了工作的积极性，无法在这个行业实现事业的突破，所以，他很苦闷。在一次经济大萧条中，乔治被淘汰出局，成为一名失业者。这一次，他准备寻找一份适合自己的工作。抱着试试看的心态，他进入了一家工程销售公司，负责产品销售。结果他的特长渐渐地得到了发挥，不到两年，他成为一名颇有成就的职业经理人。

自己的长处是帮助自己实现成功的最好工具。如果一个人对自己的长处了解不够，所处位置不当，他就永远别想有所建树。反之，如果找到自己的长处，就会挖掘出自己无限的潜能，便更容易取得成功。

只有客观地认识自己，知道自己的长处，找到自己的发展方向，走一条适合自己的道路，这对于成功来说才会起到事半功倍的效果。相反，如果一个人在自己不擅长的方面辛苦拼搏，成效可能不会很大，甚至无功而返。

据调查，有28%的人正是因为做了自己最擅长的事，才彻底地掌握了自己的命运，并把自己的优势发挥得淋漓尽致，这些人自然都跨越了弱者的门槛，而迈进了成功者之列；相反，有72%的人正是因为总是别扭地、违心地做着最不擅长的事，因此，不能脱颖而出，更谈不上成大事了。

如果你用心去观察那些卓越的人士，就会发现，他们几乎都有一个共同的特征：不论聪明才智高低与否，也不论他们从事哪一种行业、担任何种职务，他们都在做自己最擅长的事。

德塞纳维尔是别人眼里一无是处的庸才，但他总觉得自己有点儿与众不同的地方。有一天，他脑子里飘起一段曲调，他便将它大致哼出来，并用录音机录了下来，请人写成乐谱，名为《阿德丽娜叙事曲》。阿德丽娜正是他的大女儿。曲子谱好后，他就在罗曼维尔市找了一个游艺场的钢琴演奏员为之录音。这个演奏员毫无名气，穷酸得很。德塞纳维尔给他取了个艺名，叫理查德·克莱德……这一弹奏在音乐界引起了轰动，唱片在全世界一下子卖了 2600 万张，德塞纳维尔轻而易举地发了财。他说："我不会玩任何乐器，也不识乐谱，更不懂和声。不过我喜欢瞎哼哼，哼出些简单的大众爱听的调儿。"德塞纳维尔只作曲，不写歌，他的曲子已有数百首，并且风靡全球。20 年来，德塞纳维尔靠收取巨额版税，腰缠万贯。

一个人做自己擅长的事，是获取成功的一件法宝。每个人在年轻的时候都会立大志，但不是每个人都能当科学家、发明家。培养一技之长，一步一步去累积自己的个人资源，才是成大事的必由之路。许多成就卓越的人士，他们的成功首先得益于他们能充分地了解自己的长处，根据自己的特长来进行定位或重新定位，最终找准了真正属于自己的行业。

成功人士都是这样，保持特质，最后他们得到了一片蓝天。人的兴趣、才能、素质是不同的。如果你不了解这一点，没有把自己的所长利用起来，你所从事的行业需要的素质和才能正是你所缺乏的，那么你将会自我埋没。反之，如果你有自知之明，善于设计自己，从事你最擅长的工作，你就会获得成功。每个行业都有它存在的价值，只要你选准位置，做出成绩，就会受人尊敬，或成为某一领域的专家。劣势可以变优势，只要努力去选择，就会有收获。

职责之外，手不要伸得太长

职场上，一些人因为能力比别人强，处处自以为是，即便在领导面前也不懂得收敛。他会说："由于季节的原因，我决定将咱们的那批货降价促销。"如果你是领导，听了这话有什么感觉?虽然我们不能否认一些人在工作中的聪明才智，他们能力非凡，能独当一面，但是他们说话的口气和方式却犯了领导的大忌，他们或许能接受你的意见，但绝对不容许你替他做决定，你的越俎代庖，会让他觉得你是自作聪明，对他不够尊重。聪明的人一定要懂得，对上司可以献策，而非决策。

张玮年轻干练、活泼开朗，工作没几年，职位"噌噌"地往上升，很快升为单位里的主力干将。几天前，新老板走马上任，上任伊始，就把张玮叫了过去："张玮，你经验丰富，能力又强，这里有个新项目，你就多费心盯一盯吧!"

受到新老板的重用，张玮欣欣鼓舞。恰好这天要去上海某周边城市谈判，张玮一合计，一行好几个人，坐公交车不方便，人也受累，会影响谈判效果;打车吧，一辆坐不下，两辆费用又太高;还是包一辆车好，经济又实惠。

主意定了，张玮却没有直接去办理。几年的职场生涯让他懂得，遇事向老板汇报一声是绝对必要的。于是，张玮来到老板跟前。

"老板，您看，我们今天要出去，"张玮把几种方案的利弊分析了一番，接着说，"所以呢，我决定包一辆车去!"汇报完毕，张玮发现老板的脸不知道什么时候黑了下来。他生硬地说："是吗?可是我认为这个方案不大好，你们还是买票坐长途车去吧!"张玮愣住了，他万万没想到，一个如此合情合理的建议竟然被打了"回票"。

"没道理呀，傻瓜都能看出来我的方案是最佳的!"张玮大惑不解。

张玮凡事多向领导汇报的意识是很可贵的，错就错在没有摆正上下级的位置。注意，张玮说的是："我决定包一辆车去!"在上司面前，说"我决定如何如何"是最犯忌讳的。

如果他能这样说："老板，现在我们有3个选择，各有利弊。我个人认为包车比较可行，但我做不了主，您经验丰富，帮我做个决定行吗?"老板听到这样的话，绝对会做个顺水人情，答应你的请求，这样岂不两全其美?

在有的企业中，职员可以参与公司和本部门的一些决策。这时就应该注意，谁做什么样的决策是有限制的。有些决策，你作为下属或一般的普通职员可以参与；而有些决策，下属还是不插言为妙。人们往往喜欢对某件事表明自己的态度，但是有时却超越了自己的身份，胡乱的表态，不仅是不负责的表现，也是无效的。对带有实质性问题的表态，应该由上司或上司受权才行。"沉默是金"这句话需要你视具体情况，见机把握。

如果你是下属，又时不时犯这样的毛病，上司就会视你为"危险角色"，对你保持一定的警戒，甚至设法来"制裁"你。这时，即使你有意同上司配合，也为时已晚了，人家可能已不愿赏识你的配合了。对此，不妨谨记经验人士的忠告：不要做吃力不讨好的事。

夏蕾是一家跨国集团所辖分公司的员工，经过几年的奋斗，她现在已成为这家公司的公关部经理。一次，总公司的几位高层领导在香港举行盛大的宴会。夏蕾在商场中有着一定的声誉，正是因为其自恃业绩卓越，她在一些宴会中，风头常常凌驾于香港分公司总经理之上。

宴会当晚，轮到总公司的高层和三管分公司的总经理致辞时，夏蕾在旁一一介绍他们出场。轮到她的上司，即分公司的总经理时，她竟先说了一番感谢词，虽然只是三言两语，但已让总公司的主管皱眉，因为她当时只负责介绍上司出场，而无独立发言的权利。

在宴会的过程中，总公司主管主动与她交谈了一番。发现她在提及公司的事务时，常以个人之见发表意见，全不提经理的旨意，给人的印象是，她才是这个分

争与让 的人生智慧课

公司的总经理。宴会后，分公司经理被上级邀请开会，研究他是否坚守自己的职位，是否应由公关经理代为处理日常业务。后来，夏蕾因越位，被他的上司找个借口炒了鱿鱼。

在我们的工作中，每一个人都有属于自己的位子。即便得意时也不可忘形，不小心把手伸到人家的地盘上，难免不受到上司的戒备、同僚的排挤。知道什么事情该做，什么事情不该做，是一种智慧，更是一种气度。把本职工作做好，对于超出自己工作范围的工作，即使能力足够，也不要插手，如此才能不越位、不越权，才能走出一条平稳的发展之路。

像夏蕾这样越级越权，企图盖过上司的风头，在上司的上司那里表现自己，这种行为会严重损害到部门主管的感情，给自己以后的晋升带来难以逾越的障碍。因此，除非万不得已，千万不要越级。公司像一部复杂而精密的机器，每一个部件都在固定的位置发挥着不同的作用，以保障整部机器的正常运转。然而有一部分人为了突出自己，老是喜欢越级，这些人大部分都对自己顶头上司有某种不信任或者不服气。这样做的后果是扰乱了公司的正常工作程序，造成人为的关系紧张，反而影响了工作效率，更会影响自己的晋升之路。

下级"越级"行事，一方面会引起直接上级误会、怀疑、妒忌、不满的情绪，给正常的工作关系撒下不协调的种子；另一方面会引起同级的不满、妒忌情绪和不好的舆论，影响自己的人缘。所以，职业人士必须正确认识自己的角色，给自己一个准确的定位，切实做到出力而不越位，唯有如此才能正确处理好上下级关系，才有可能得到领导的认可和赏识。

留一条可行之路给对手

我们都知道，在大自然中，弱肉强食、动物之间的竞争是生存的竞争，不是你死就是我活。人与人之间呢？在社会上，人们也时时刻刻都在上演着生存空间的竞争、出人头地的竞争。在这些竞争中，是否也是要把你踩下去，然后我站在你的肩膀上升上来？

那种把自己的成功建立在他人失利上的小人当然也有，他们有时候也能获得一时之利，然而从长远看来，这种作风一则会使自己的正面形象受损，二则也可能会横生枝节，使人无法品尝胜利的果实。

所以即使是对手，相互之间也要留有余地，无理要让人，得理也不能不让人，这就是所谓的"为人做事不可太绝"。

在创业初期，甲、乙二人曾多次相互帮助，携手渡过许多难关。但在成为当地最重要的两家经销商之后，甲和乙开始不约而同地将竞争的矛头指向了对方，在价格、广告、宣传、产品、促销、渠道等方面开展了全面竞争。如果甲看到乙的某种新商品畅销市场，就会立刻从外面趸货过来，而且定价远低于乙；甲如有赚钱的产品，乙也会从外面拿货过来低价"倾销"。在广告宣传上，甲和乙每次都是针锋相对，褒扬自己，贬低对方，大有"不置对方于死地不罢休"的态势；在渠道和促销上，为了打击对方，抢占市场，两家都大打价格战，即使是赔本生意也照样做。

接下来的这一次，是最彻底的一次。乙做了一个厂家的地区总代理，并预支了大量货款，但到年底，该厂家突然从人间"蒸发"，使甲蒙受了巨大经济损失。此时，甲主动找到乙，希望凭借以往的交情求得乙的帮助，起码不要落井下石。但是乙拒绝了，并抓住这个"良机"四处宣扬甲资金紧张，"奉劝"各个厂家不要再发货给甲，并且告诉消费者，甲很难保障售后服务，不要到甲处购买商品。最终，甲在坚持了一段时间后,退出了这一行业。

然而,令乙没有想到的是,在甲退出之后,消费者宁可选择到外地购买商品,也不愿意走进乙的商店购买,乙的地位在市场上迅速滑坡。趁此机会,先前对甲、乙虎视眈眈的外来强势经销商和本地"地头蛇"疯狂"圈地",而乙由于长期与甲进行"价格战",本身经营管理水平和抗风险能力并没有提高,一下子陷入了内外交困的苦境,最终不得不"关门大吉"了。

看完这个故事,我们得到一个教训:一定要给竞争对手留有余地。商业竞争你死我活,但还得讲个规矩。如果你的眼中容不得同行,心里容不下竞争对手,甚至耍手段中伤、贬低竞争对手,以此达到抬高自己的目的,秋后收获的"果实"肯定是搬起石头砸自己的脚。

善于给人留余地,既表示一个人心怀的博大,也是志存高远有谋略的具体体现。一个有抱负的人,在自己得势、他人失势的情况下,应该懂得自觉地、主动地让出一步给人走。

1933 年, 年仅 19 岁的吴清源向日本围棋界的至尊本因坊秀哉发起挑战。棋局开始,吴清源先行,使了一记怪招,这是别人从来没有用过的。秀哉大吃一惊,他当即"叫停",暂挂免战牌。这次棋赛规定双方各用 13 小时,但秀哉有一个特权,就是随时可以"叫停";吴清源没有这项权利。这一局棋因为秀哉不断叫停,拖延了 4 个多月。在本因坊家里,秀哉每天召集弟子们开会,商讨反攻之策。秀哉任本因坊已久,许多高手都出自他的门下,就日本传统棋界而言,此战可谓荣辱与共。所以,这一局棋,其实是吴清源一个人力战本因坊派数十名高手。下到 145 手时,局势已经大定,吴清源在左下方占了极大的一片。本因坊的会议开得更频繁了。第 160 手轮到秀哉下子,他下了又凶悍又巧妙的一子,在吴清源的势力范围中侵入了一块。最后的结局,秀哉的尊严勉强维持住了。许多年后,有人问吴清源:"当时你已胜算在握,为什么还是输了?" 因为秀哉虽然下出了巧妙的第 160 手,但吴还是可以胜的。吴笑笑说:"还是输的好。"事实上,要是他胜了那局棋,只怕是以后在日本棋界就无法立足了。

无数事实证明，在同一个屋檐下进行公开化的竞争是很不明智的做法，其结果常常会是两败俱伤。对于自己看不惯或有利益冲突的人，最可取的办法是选择一条互利之道，团结为本，回避矛盾。如此不光显示了你宽容的胸怀，更体现出你以公司的整体利益为重，请牢记，顾全大局乃是公司决策者最为欣赏的首要素质。

兵法中有一条叫做"穷寇勿追"，逼得人走投无路，任谁都要付出代价的。古人攻城，四面团团围住之后，结合部总要有意无意地留出一个缺口来。这其一，是要瓦解敌人的斗志，看到有出逃的机会，不见得还会人人死守。二是防止对方在绝望之后，反而激发出更大的斗志来，孤注一掷，誓要拼个鱼死网破。

赶尽杀绝是兵家之忌，也是为人处世的大忌，当一个人被逼到穷途末路的时候，临死也要拉个垫背的，这时就没有人可以全身而退了。

根据事态变化，适时调整策略

人世间的冷暖是变化无常的，人生的道路是变化无常的，当你在遇到困难走不通时，或许退一步就会海阔天空；当你在事业一帆风顺的时候，一定要有谦让三分的胸襟和美德，应该把功劳让与别人一些，该进则进，该退则退，能屈能伸。

富兰克林小时候到一位长者家里去拜访，去聆听前辈的教诲。没料到，他一进门头就在门框上狠狠地撞了一下。身材高大的富兰克林疼痛难忍，不停地用手指揉着自己头上的大包，两眼瞪着那个低于正常标准的门框。出门迎接的长者看到他那副狼狈不堪的样子，忍不住笑起来："年轻人，很痛吧?"这位长者语重心长地说："这可是你今天来这儿最大的收获。"

一个人要想在世上有所作为，"低头"是少不了的。低头是为了把头抬得更高、更有力。现实世界纷纭复杂，并非想象的那么一帆风顺。要想让自己不被时代所淘汰,就要学会竞争、学会适应。我们没有办法改变世界,但是我们可以随着时代的步伐不断地改变自己、充实自己,使自己更快地适应这个社会。

小王在某时尚周刊一直做着文字编辑的工作。最近,社里上下都在传闻,内部人事要进行调整,可能还会裁掉一部分人员。小王听到后淡然一笑,他觉得,自己长期从事编辑工作,专业知识过硬,工作能力强,多次受到社长的夸奖,还能怎么调整?要调整也调整不到自己的头上来。

但是名单不久真的下来了,除了被裁员的人外,社里确实也对人事做了大的调动,尤其是编辑部门的调动最大,规定每一个编辑都必须到发行部工作一段时间,而第一个被"发配"过去的就是小王。

"为什么?是我的工作没有做好吗?我希望你能给我一个合适的理由,不然我就辞职。"小王又惊又气,拿着调令就直接去找社长质问。

社长沉思了一会儿,说:"既然你主意已定,我也就不多说什么了。不过毕竟大家共事这么长时间,我对你的印象也很不错。今天晚上我准备私人请你吃一顿饭,饭后我们一起去看新近上映的美国大片《侏罗纪公园》,就当是我和一位朋友的惜别吧。"

小王看到社长真诚的样子,觉得就这么辞职实在有点说不过去,因此答应了下来。

电影非常精彩,那些消失了上亿年的庞大恐龙都在银幕上"活"了过来,但小王却看得心神不宁,他一直在琢磨,社长的葫芦里究竟在卖什么药呢?

"你说真是奇怪了,像恐龙这样强大的生物怎么一下子就灭绝了?同样都是古老的生物,同样都是'龙',小小的变色龙却能很好地生存下来。"电影结束后,社长似乎是意犹未尽地感慨了一句。

这句话像闪电惊雷一样给了小王心里一个突然而又强烈的震动。是呀,人的世界和自然界一样,都是适者生存。不适应自然环境变化的恐龙被淘汰了,不适应工作环境变化的我,自认为有多强,难道就不会被淘汰吗?谁说做编辑的就只能做编辑,也许换换别的工作,我也能够做好呢。再说了,做完别的工作再来做自己的本职工作,说不定更能启发我的思维呢。

第二天,同事们发现原本铁了心要辞职的小王愉快地到发行部上班了,几个月后,小王又自动申请去广告部上班,无论在哪个部门工作,他都像原来社长说的那样——带着自己的诚心和智慧去好好地工作。

一年后,小王回到了自己的编辑岗位。而小王因为一场电影,解决了自己原来所谓的一些"原则"问题,主动去接触和了解其他部门的工作,发现了不少的问题。回来后不但本职工作做得更加得心应手,由于他的能力更加全面,思路更加开阔,不久后社里就提拔小王担任了执行主编一职。

这以后,每一个去到小王办公室的人,都发现他在一个玻璃缸里养了一条变色龙。大家都很奇怪,就问他,但小王总是微微一笑,什么都不说。这个小东西带给他的思想启迪又岂是别人能够知道的?

人们在面临一个陌生的环境或者加入一个陌生的群体时,都会很自然地产生一些困惑和焦虑的心理,这本是一个人自我保护的本能反应。如果你长期处于这种心理状态下无法调适,那么就很容易被社会淘汰。

理想和现实是有一定差距的。因此,你踏入一个新环境后,就要根据现实的环境及时调整自己的期望值,尽量把期望值降低一些,这样有利于减少心理的落差,也能帮你更快地适应新环境。

争与让 的人生智慧课

第4章 让三分利益与人，
智者不争全鱼

在这个世界上,利益是争不完的,机会也是用不完的,懂得与人分享,才是做大做强的正道。如果你是管理者,让属下得到他自己该得的那一分收获,他就会心甘情愿地跟着你干;如果你是创业者,让合作伙伴同你做生意比同别人做得到的多些,他就是你最忠实的支持者。

做事找准双方的共同利益

中国古代有"和气生财"的说法,这里的"和"就是指"与人为善"。华人富豪李嘉诚说过:"如果一单生意只有自己赚,而对方一点儿也不赚,这样的生意绝对不能干。"意思是,生意人应该利益均沾,这样才能保持久远的合作关系。相反,光顾一己利益,而无视对方的权益,只能是一锤子买卖,自己将生意做断做绝。

因此,做生意千万不要"铁公鸡一毛不拔"。相反,要经常让些小利给别人。让小利于别人,眼下像吃了点儿亏,但从长远观点看并非吃亏。

台湾企业家、世界"塑胶大王"王永庆也是一个让利专家,他认为,助人等于助自己。台塑集团公司的管理水平很高,让它的下游客户羡慕不已,建议台塑将自己的管理精华传授给客户,使客户能迅速提高经营管理水平。这项建议反馈到台塑后,王永庆欣然应允,决定开办"企管研讨会"。参加研讨会的学员来自众多行业，都是台塑集团公司的客户，连一些著名企业的老板也报名参加。

　　台塑企业本着为客户提供管理资讯服务的精神，对学员一律免费。台塑企业除提供教材外，同时免费供应午餐与晚餐。上、下午各安排一次"咖啡时间"，供应各式餐点。根据台塑总管理处的成本核算，每位学员的花费约为 800 元台币，总支出达 160 万元台币。在一般人看来，花钱请别人来学自己的"绝活"，无疑是干傻事。但王永庆的理念却是与人有利，自己有利。这正是他的出类拔萃之处。

　　王永庆深知，台塑与下游企业乃是唇亡齿寒的关系，一荣俱荣，一损俱损。因此，他从不利用"龙头老大"的地位为自己争利。相反，他宁可自己少赚点，也要保障下游企业的利益。有一年，由于世界石油危机和关贸壁垒的盛行，使国际经济环境恶化，全球塑胶原料价格普遍上扬。按市场常规，台塑此时提价是名正言顺的。但王永庆考虑到下游企业的承受能力，决定降低公司的目标利润，维持原供应价，自行消化涨价成本。有人问他为什么如此大度，他说："如果赚一块钱就有利润，为什么要赚两块钱呢？何不把这一块钱留给客户，让他去扩大设备？如此一来客户的原料需求量将会更大，订单不就更多了？"

　　然而，许多人不懂这个道理，他们常常为眼前利益所迷惑，而忽视了更大的利益。这正是大人物与小人物的本质差别，也是人生成败的秘诀所在。

　　俗话说：一个篱笆三个桩，一个好汉三个帮。在家我们可以靠父母，出外就需要靠朋友了。尤其在这个激烈竞争的社会，人缘和朋友更为重要。如果只讲竞争，怕自己吃亏，而不顾对方的利益，那么竞争必定是不择手段的恶性竞争和无序竞争，而人际关系的和谐也将无从谈起。

　　试想如果你是老板，你让员工得到了实惠，你有肉吃他有汤喝，你得 1 毛他获 5 分，即使他不是全心全意为你，只是为了他自己该得的那一分收获，他也会心甘情愿地跟着你干；如果你的生意伙伴知道，同你做生意一定会比同别人做到的多些，而且不是一次，而是每次，他就没有朝秦暮楚、舍你求他的道理。如果每一位和你做生意的伙伴都舍不得离开你，你的生意就没有做不大的道理。

　　所以说，做人就和做事一样，不能感情用事，只图一时痛快，而全然不顾他人和后果。如果是这样，那我们只能给自己挖坟墓了。那么我们应当怎么做才能既有人情味，又得利益呢？

有一个装修器材的老板，他没有文化，也没有社会背景，但生意却是出奇得好，而且历经多年长盛不衰。说起他的经营之道其实相当简单，就是他与每个合作者分利的时候，他都只拿小头，把大头让给对方。这样一来，凡是与他合作过一次的人，都愿意与他继续合作；而且还会介绍一些朋友，再扩大到朋友的朋友，结果许多人都成了他的客户。人人都说他好，因为他只拿小头，但所有人的小头集中起来，就成了最大的大头，所以他才是真正的赢家。

有句口头禅说得好："大人不计小人过。"即遇事不要与人斤斤计较，应该把便宜、方便让给他人，这样你与他人之间的矛盾就会减少，人际关系也会融洽了。

当然，在实际交往中，有时也会遇到双方意见不统一，这时我们就要跳出自己固定的思维模式，谋求一个折中的方案。比如，对利益有争议时，双方可以坐下来诚恳地协商，必要时，双方都做出一定的妥协。这样就能互惠，还能让对方对你心存感激，以后将更愿意与你合作，而你得到的利益也将更多。

事实上，只要我们在交际中自己先退一步，给足对方面子，自己的底线上留有一定的弹性，与对方利益共享，共谋发展，那么，就一定能取得最佳效果，达到自己想要的目的。这样做并不是吃亏，而是共赢，在获得自己利益的同时，还为自己留下了一笔"人情储蓄"。

让他人尝到小甜头，使你更容易被接纳

在生活中，谁都不愿意吃亏，都认为吃亏是损己利人的行为。但在求人办事时，如果你想办事成功，你必须先吃点儿亏。这样别人会觉得你很豁达、宽厚，让你获得更深的友情。这当然会使对方更加心甘情愿地帮助你，为你办事。

人世间的事情，有了付出才有回报，没有无回报的付出，也没有无付出的回报。付出越多，得到的回报越大，只想别人给予自己，那么"得到"的源泉终将枯竭。心理学家提醒我们，要敢于吃亏。吃亏可以让你获得更多的机会，赢得更多的好感和尊敬，会增添你的人格魅力，为你带来更多的"回报"。

其实，每个人都在潜意识里想从别人那里得些利益。如果你能满足人们的这种心理，就一定能获得他们的好感和信赖，这对以后你们之间的交往非常有利。但在交往中，人们在表面上又不接受这样一种观点：人际交往就是一种交换关系。他们认为一谈"交换"就很庸俗，就亵渎了人与人之间的情感。但事实上，人们在交往中总是在交换着某种东西，不是物质的就是精神的，要么两者都有。而且在交换的时候，人人都希望"交换"的结果是对自己有利的，是得大于失，至少是得失相当。不值得的交换没有理由去维持，否则就无法保持心理平衡，这是人的本性。

正因为如此，我们才应该用"吃亏就是投资"的观点来指导我们的行为。无论什么样的关系，都应该注意从各方面去"投资"。如果忽视了这一点，即使原来非常亲密的关系也会逐渐冷淡，使你陷入人际交往的尴尬。

在求人办事的过程中，道理也是如此。既然求人，就不要因为吃一点儿亏而斤斤计较，开始时吃点儿亏，以后求别人办的事情办妥了，损失总会弥补过来，此所谓有舍必有得。同时，从长远看，表面上吃亏，实际上是占大便宜，这也是一种隐身法的表现。

唐代京城中有位窦公，聪明机智，极善理财，但他却财力绵薄，难以施展赚钱本领，没有办法，他只好先从小处赚起。

他在京城中四处逛荡，寻求赚钱门路。某日来到郊外，却见青山绿水，风景极美，有一座大宅院房屋严整。一打听，原来是一权要官宦的外宅。他来到宅院后花园墙外，见一水塘，塘水清澈，直通小河，有水进，有水出，但因无人管理，显得有点儿零乱肮脏。窦公心想：生财路来了。水塘主人觉得那是块不中用的闲地，就以很低的价钱卖给了他。

争与让的人生智慧课

窦公买到水塘，又凑借了些钱，请人把水塘砌成石岸，疏通了进出水道，种上莲藕，放养上金鱼，围上篱笆，种上玫瑰。

第二年春，那名权要宦官休假在家，逛后花园时闻到花香，到花园后一看，直馋得他流口水。窦公知道鱼儿上钩了，立即将此地奉送。

这样一来，两人成了朋友。一天，窦公装作无意地谈起想到江南走走，宦官忙说："我给您写上几封信，让地方官吏多加照应。"

窦公带了这几封信，往来于几个州县，贱买贵卖，又有官府撑腰，不几年便赚了大钱。

郑板桥说过："为人处，即是为己处。"意思是：替别人打算，就是为自己打算。以古喻今，是同样的道理，目光短浅的人，只贪一时之利；手段高明的人，能让人在不知不觉之中，就落入自己的人情圈子里，心甘情愿地帮自己做事。

德国的"铁血宰相"俾斯麦说过："当我放下诱饵来引诱鹿群，我就不会射杀第一个走过来的母鹿，而是等到一群鹿都围拢过来之后。"中国的古人说过："将欲取之，必先予之。"不劳而获或者不付出只索取的事情是办不到的，即使短期取得成功，也不会长久。

其实，再倔强的人只要有利可图，也会看到好处上钩的。要想达到自己的目的，就必须刺激起对方的欲望，让对方知道，只要能办成事，他就能得到回报、得到好处，并不时给些甜头，让人相信你所说的并非空话。

所以，在人际交往中，利用人们无功不受禄、无劳不受惠的心理，让对方尝到甜头，对方一定会对你感激不尽，进而使你轻松地达到目的，收获大实惠。

不吃"全鱼"，才能保证一直有鱼吃

佛家有云："舍得，舍得，有舍才有得。""舍"即舍弃、放弃。"得"即得到、获取。人的一生会被许多难以取舍、困惑不已的琐事纠缠不清，这时所需要的就是断然地舍弃与明智地抉择，如果坚持只取不舍，那么最终会什么也得不到。敢于放弃眼前的利益而最终赢得长远的利益、放弃局部的利益而最终赢得整体的利益，这是做事的成功原则。成功的商人善于放弃，放弃私欲而赢得真诚的合作，放弃暴利而赢得广大的市场。

张果喜，江西果喜实业集团公司董事长兼总经理。1979 年开始生产出口日本的佛龛，占据了日本大部分佛龛市场，并在加拿大、德国、韩国、泰国和中国香港等地开辟了经销处和办事处，产品共 5 大类、2000 余种，个人资产达数亿元。

张果喜在日本取得了一定的市场份额以后，就与日商建立了稳固的代理关系，全部佛龛产品都由日商代理经销。不久，新情况出现了，随着张果喜生产的佛龛在日本市场的畅销，一些颇具眼光的日本商人看到销售这种佛龛有利可图，为降低进货成本，一些销售商就想走捷径，绕过代理商直接从张果喜那里进货。

从眼前利益看，销售商的直接订货，减少了中间环节，厂方确实可以多得一些钱，捞到实惠。但从长远考虑，接受直接订货，就意味着将失去已花费了很大力气开辟的以往的销售渠道，甚至使以往的销售渠道背离自己，走到自己的对立面，这无疑得不偿失。

后来，日本代理商知道此事后，很受感动，增强了对张果喜的信任，在推销宣传方面下了不少功夫。向来不轻易买账的日本代理商这次果敢地打出了张果喜是"天下木雕第一家"的招牌，从而使张果喜的产品地位在日本市场越来越稳定。

人无远虑，必有近忧。张果喜清醒地看到，生产佛龛利润丰厚，除了他的果喜集团公司,韩国与中国台湾地区制作的产品也有相当的渗透力,更不用说在日本本土还有成千上万的同类中小企业了。如果照以前那样,单靠原有的销售网络和一两个合资的株式会社,与强大的竞争对手抗衡,只能处于劣势而被人家踩在脚底下。

权衡利弊后,张果喜决定扩大"同盟军",把一些原先的对立派拉到自己一边。张果喜为慎重起见,还与他的智囊团成员对此细细地做了分析研究,选择了分散在日本各地有代表性的一些中小型企业。经过多方协调,于1991年成立了"日本佛龛经销协会",专门经销果喜集团的漆器雕刻品。这种方式变消极竞争为积极合作,当年立竿见影,张果喜在日本佛龛市场的份额占到六成,取得了更大的市场主动权。

这就是张果喜的连横合纵,其真谛在于周密思考,权衡利弊,摆脱眼前利益和一己之利的束缚,开阔视野,与盟友和竞争对手共同发展,最终才能稳住阵地。

不吃"全鱼",不仅是经商之道,更是一种睿智的财富观。有个大富豪曾经说过:财富如水,如果是一杯水,你可以独自享用;如果是一桶水,你可以存放在家里;但如果是一条河,你就要学会与人分享。不同的财富观决定不同的人生。

因此,看问题一定要把目光放长远一些,千万不要为了眼前的"芝麻"而丢了未来的"西瓜"。

可能所有的人都懂得权衡利弊,两利相权取其大,两害相权取其轻。道理很简单,用不着多说,问题是,你的权衡标准是否正确?你所取的"大利"真的大吗?如果你只是以"钱多钱少"为唯一标准,可能会忽视了更重要的东西。

大家可能知道这样一则故事:

某人到一个城镇旅行,听这里的人说起一个小孩,大家都叫他"傻子",因为他永远选择5分钱,而不选一角钱。很多人不相信,就拿出两个硬币,一个一角,一个5分,分别放在两只手里,叫那小孩任选一个,结果那个小孩真的挑了5分的硬币。围观的人看得哈哈大笑,非常开心。这个旅行者觉得非常奇怪,便问那孩子:

"难道你不会分辨硬币的价值吗?"

"不是的!"孩子小声地说,"如果我选择一角钱,下次他们就不会让我玩这种游戏了!"

读到这个故事后你有什么感想?你会发觉,那个"傻子"其实才是最聪明的人。的确,如果他选择了一角钱,这件事就变得不好玩了,也没有人愿意继续跟他"玩"下去了,而他得到的,也只有一角钱!但他拿5分钱,把自己装成"傻子",于是当傻子越久,他拿得越多,这是一种放长线钓大鱼的策略。

那么,在人际交往中,如果我们能舍弃某些蝇头小利,将有助于塑造良好的自我形象,获得他人的好感,为自己赢得友谊和影响力。

投桃报李,互惠互利形成稳定"关系"

投桃报李、礼尚往来是交际的一个原则。求方应牢牢记住助方给予的帮助,做到"受恩莫忘"。滴水之恩,当以涌泉相报,这是交际中品德高尚的人所应遵循的准则。"毛宝放龟而得渡,隋侯救蛇而获珠",这些神话传说就是对这种报恩精神的浪漫化写照。

当然,在现代的经济社会里,谁帮忙都讲究经济效益,而感谢帮忙的最好方式就是"投桃报李"。"投桃"后得到对方的"报李",也可先得到对方的"报李"后再"投桃"。求助于朋友时,在朋友互相信任的基础上,先"投桃"与先"报李"都是无所谓的:先主动"投桃",从而先得到对方的"报李"往往对事情的成功更有好处。

纽约的金融家华特生还是银行职员时,有一次他的上司要他尽快准备好一个人的资料,而那个人是一家公司的总经理,华特生就去拜访他,当他被引进总经理办公室之后,一位年轻的秘书从门口探头轻轻地告诉他经理今天没有邮票给他儿子。总经理向华特生解释说:"我在替我12岁的儿子收集邮票。"之后,华特生向总经理述说他的来意并向他请教了一些问题。但是华特生看出，从头到尾那经理都在含糊而笼统地敷衍他，摆出一副根本不想谈论这个问题的样子，因此这次会晤很快就结束了，而且毫无结果。

在回去的路上，华特生闷闷不乐地思考着如何解决这件事情，他突然想起那经理的秘书所讲的话，什么邮票、12 岁大的孩子……同时他又想到他们银行国外部也在做邮票收集的工作，那些邮票正是来自世界各地，于是华特生心计一生，顿时喜上眉梢。

第二天下午华特生又去拜访那位经理，到达之后华特生请经理秘书传话给他，告诉经理这次他还有一些邮票要给他的孩子。

这时情形完全变了，那经理很快自己跑出来，他热情地握着华特生的手，仿佛是要竞选国会议员一样，面带笑容而且容光焕发。当他欣赏完邮票的时候，口里还不断地说着："我的乔治一定会喜欢这张的！这可是一张珍品哦！"华特生与他花了半个小时谈邮票与他儿子的事，之后他足足花了一个多小时的时间提供华特生所需要的资料，他把所知道的全部告诉了华特生，并且害怕有所遗漏，还把他的属下叫进来询问一番，甚至给他同事打电话询问一些细节，他给了华特生许多实证、数据、报告以及文件。这一趟，华特生满载而归，他得到的，是一条"独家新闻"。

在求对方办事时，对方并不情愿为你白忙乎，他希望你也能帮他做些事情。有的甚至希望在他办事之前，你得先为他办成。如果你了解对方这种心理，主动满足他的欲望，他就会很痛快地帮助你。

人是一种有感情的动物，情感渗透于人生的每个角落，可以对人的思想和行动产生深远的影响。古人云：士为知己者死。这是情感的积极效应产生的增力作用。"投之以桃，报之以李"，迎合了人的感情饥渴而进行"投资"，自然会收到巨大的"效益"，取得丰厚的回报。

柏年在美国的律师事务所刚开业时，连一台复印机都买不起。移民潮一浪接一浪地涌进美国时，他接了许多移民的案子，常常深更半夜被唤到移民局的拘留所领人，还不时地在黑白两道间周旋。他开一辆掉了漆的本田车，在小镇间奔波，兢兢业业地做着职业律师。

终于媳妇熬成了婆，电话线换成了4条，扩大了办公室，又雇用了专职秘书、办案人员，他气派地开起了"奔驰"，处处受到礼遇。

然而，天有不测风云，他一念之差将资产投资股票，全部资产几乎一下子亏尽。更不巧的是，岁末年初，移民法又再次修改，职业移民名额削减，他的律师事务所顿时门庭冷落。他想不到从辉煌到倒闭几乎只在一夜之间。

这时，他收到了一封信，是一家公司总裁写的：愿意将公司30%的股权转让给他，并聘他为公司和其他两家公司的终身法人代理。他不敢相信自己的眼睛。他找上门去，总裁是个40开外的波兰裔中年人。

"还记得我吗？"总裁问。他摇了摇头。

总裁微微一笑，从硕大的办公桌抽屉里拿出一张皱巴巴的5块钱汇票，上面夹的名片上印着柏年律师的地址、电话。他实在想不起还有这样一桩事情。

"10年前，"总裁开口了，"我在移民局排队办工签，排到我时，移民局已经快关门了。当时，我不知道工签的申请费用涨了5美元，移民局不收个人支票，我又没有多余的现金，如果我那天拿不到工签，雇主就会另雇他人了。这时，是你从身后递了5美元上来，我要你留下地址，好把钱还给你，你就给了我一张名片。"

他也渐渐回忆起来了，但是仍将信将疑地问："后来呢？"

"后来我就在这家公司工作，很快我就发明了两个专利。我到公司上班后的第一天就想把这张汇票寄出，但是一直没有。我单枪匹马来到美国闯天下，经历了许多冷遇和磨难。这5块钱改变了我对人生的态度，所以，我不能随随便便就寄出这张汇票。"

投之以木瓜，报之以琼瑶。在日常生活中，有许多偶然的事情将会决定你的未来命运，但前提是你必须助人。

争与让的人生智慧课

第5章　让三分功绩与人，
智者不争荣宠

那些看起来很诱人的成绩与利益，其实很可能是一枚烫手的山芋。过于贪恋功名，其一是可能威胁了他人的生存空间，从而给自己树敌；其二是当你涉及了秘密的核心，成为上司"心腹"的同时，也容易成为他的"心腹之患"，最终变成利欲的牺牲品。

我们不是拥有太少，而是欲望太多

中国有一句俗话叫"知足常乐"。佛教的理想是"不计众苦，少欲知足"。孟子有一句话叫"养心莫善于寡欲"，是说希望有一颗对人、对社会有益的心，一定要做到欲望少。他还说："其为人也寡欲，虽不存焉者寡矣；其为人也多欲，虽有存焉者寡矣。"欲少则仁心存，欲多则仁心亡，说明了欲与仁之间的关系。

自古仕途多变动，所以古人以为身在官场一定要有时刻淡化利欲之心的心理。利欲之心人固有之，甚至生亦我所欲，所欲有甚于生者，这当然是正常的。问题是要能进行自控，不要把一切看得太重，到了一定限度的时候，要能把握得准，跳得出这个圈子，不为利欲之争而弄得身败名裂，家破人亡。

西汉张良，字子孺，号子房，小时候在下邳游历，在沼水桥上遇到黄石公，替他穿鞋，因而从黄石公那儿得到一本书，叫《太公兵法》。后来追随汉高祖，平定天下后，汉高祖封他为留侯。张良说道："凭一张利嘴成为皇帝的军师，并且被封了万户子民，位居列侯之中，这是平民百姓最大的荣耀，在我张良是很满足了。愿意放弃人世间的纠纷，跟随赤松子去云游。"司马迁评价他说："张良这个人通达事理，把功名看成身外之物，不看重荣华富贵。"

张良的祖先是韩国人，伯父和父亲曾是韩国宰相。韩国被秦灭后，张良力图复国，曾说服项梁立韩王成。后来韩王成被项羽所杀，张良复国无望，重归刘邦。楚汉战争中，张良多次计出良谋，使刘邦险中转胜。鸿门宴中，张良以过人的智慧，保护了刘邦安全脱离险境。刘邦采纳张良不分封割地的主张，阻止了再次分裂天下。与项羽和约划分楚河汉界后，刘邦意欲进入关中休整军队，张良劝阻，认为应不失时机地对项羽发动攻击。最后与韩信等在垓下全歼项羽楚军，打下汉室江山。

公元前 201 年，刘邦江山坐定，册封功臣。萧何安邦定国，功高盖世，列侯中所享封邑最多。其次是张良，封给张良齐地 3 万户，张良不受，推辞说："当初我在下邳起兵，同皇上在留县会合，这是上天有意把我交给您使用。皇上对我的计策能够采纳，我感到十分荣幸，我希望封留县就够了，不敢接受齐地 3 万户。"张良选择的留县，最多不过万户，而且还没有齐地富饶。

张良回到封地留县后潜心读书，搜集整理了大量的军事著作，为当时的军事发展作出了重要的贡献。

"功成身退"是一种退守策略，是指一个人功成名就之后见好就收。其实，过分自满，不知适可而止，必定会自取灭亡。而功成名就后急流勇退，将一切名利都抛开，是一种积极而充满智慧的处世之道。因为无论名或利，在到达顶峰之后，就会走其相反的方向。"功成身退，明哲保身"，是理智，更是明智。

在今天高度竞争的社会里，虽然我们应该相信人们是友好的，但是这并不是说不存在心怀叵测的人，有些时候别人对你的明枪暗箭，你会防不胜防。知道收敛自己，懂得守住自己的一亩三分地，该争须争，当退则退，能够掌握做事情的程度，对我们来说是很有用的。懂得收敛是人生的一大智慧。

古人常说"过犹不及",是说凡事要讲一个度,对于功名利禄,凡人几乎没有不梦寐以求的,但如果过分热衷,弄不好就会陷入其中而不能自拔,最终毁灭自己。身外之物应当被人奴役,而不应奴役人,这话一说出来,大家都能明白,可是世上的事往往是"不识庐山真面目,只缘身在此山中",局中人就不容易明白、不容易跳出三界之外。因此,真正聪明之人,对待功名利禄也要"得放手处且放手",讲究"吃亏是福",讲究装糊涂,不可过分执著。

三国时候,曹操手下的谋士荀攸就是一个能将聪明与糊涂善加利用的人才。

曹操挟持汉献帝在许昌建立都城后,在全国寻求贤能的人。有人向他推荐荀攸,说他是一个人才,曹操很高兴,接见了荀攸,先是让他担当汝南太守,后来又将他升为军师。

荀攸参与曹操军团的军机谋划,多出妙计,深受曹操的器重。但是荀攸在与曹操或者同僚相处的时候,却并不显得有多么聪明,不与人争论高下,也从来不表露自己的功劳。身处权力的中心,纷争是非常残酷的,但是荀攸表现得非常谦卑,加之他个人看起来也比较文弱,在纷争中显得愚钝而怯弱,大家也很少将矛头对准他。在朝20余年,荀攸总是能够从容不迫地在政治漩涡中脱身,在朝中极其残酷的人事倾轧中屹立。以至于曹操赞赏道:荀攸绝非一般的聪明人,我能够与他共议天下,他方方面面都为我考虑周到,我也没有什么好忧虑的。

人一旦出头了、发达了,就容易成为众人瞩目的焦点。你虽然没有招惹他,但只要你比他好,实际上你就招惹他了。因为你的优秀,显得他不优秀了。因为你的兴奋,造成了他的郁闷。谦逊和功劳之间有这样的关系,人没有功劳的时候,谦虚是无能的别名。人一旦有了功劳,当你建立了两份功劳,就需要有两份谦逊。当你有10份功劳,必须有12份谦逊来配平。因为你有了功劳,就会引起别人的嫉妒心,嫉妒心是天然的,每一个人都有。但是如果你谦逊了,你就会让别人的自卑感消除了。所以功劳越高,为人越低调,没有功劳的时候,尾巴可以翘起来,否则别人看不到你。

老板的心思不要猜

生活中的人们，谁都希望自己比别人聪明，聪明的人希望自己更加聪明，没有人愿意自己是个傻子。聪明不是坏事，但自以为聪明，总认为自己了不起，往往就会做出"聪明反被聪明误"的事情来。

一次，曹操令人建一座花园。快竣工了，监造花园的官员请曹操来验收察看。曹操参观花园之后，是好、是坏、是褒、是贬，一句话也没有说，只是拿起笔来，在花园大门上写了一个"活"字，便扬长而去。一见这情形，大家犹如丈二和尚摸不着头脑，怎么也猜不透曹操的意思。杨修却笑着说道："门内添'活'字，是个'阔'字，丞相是嫌园门太阔了。"官员见杨修说得有道理，立即返工重建园门，改造妥当后，又请曹操来观看。曹操一见重建后的园门不禁大喜，问道："谁知道了我的意思？"左右答道："是杨修主簿。"曹操表面上称赞杨修的聪明，其实内心已开始忌讳杨修了。

杨修最后一次聪明的表露是在曹操自封为魏王之后。曹操亲自引兵与蜀军作战，战事失利，进退不能。曹操数次进攻蜀军总不能奏效，长期拖下去，不仅耗费钱粮且会挫伤士气，如果真的撤兵无功而归，又会遭人笑话。是进是退，当时曹操心中犹豫不决。此时厨子呈进鸡汤，曹操看见碗中有鸡肋，因而有感于怀，觉得眼下的战事有如碗中之鸡肋："食之无肉，弃之可惜。"他正沉吟间，夏侯惇入帐内禀请夜间号令。曹操随口说："鸡肋！鸡肋"夏侯惇传令众官，都称"鸡肋"。

杨修见传"鸡肋"二字便叫随行军士各自收拾行装，准备归程。有人报知夏侯惇，夏侯惇大惊失色，立即请杨修到帐中，问他："为什么叫人收拾行装？"杨修说："从今夜的号令，便知道魏王很快就要退兵回去了。""你怎么知道？"夏侯惇又问。杨修笑道："鸡肋吃着没有肉，丢了又觉得它可惜。魏王的意思是现在进不能胜，退又害怕人笑话，在此没有好处，不如早归，明天魏王一定会下令班师回转的。所以先收拾行装免得临行慌乱。"夏侯惇说："您可算魏王肚里的蛔虫，知道魏王的心思啊！"他不但没有责怪杨修，反而也命令军士收拾行装。于是寨中各位将领，无不准备归计。

当夜曹操心乱，不能入睡，就手按宝剑，绕着军寨独自行走。只见夏侯惇寨内军士各自准备行装。曹操大惊，心想：我没有下达撤军命令，谁竟敢如此大胆，做撤军的准备？他急忙回帐召夏侯惇入帐，夏侯惇说："主簿杨修已经知道大王想归回的意思。"曹操叫来杨修问他怎么知道，杨修就以鸡肋的含意对答。曹操一听大怒，说："你怎敢造谣乱我军心！"不由分说，叫来刀斧手将杨修推出去斩了，把首级悬在辕门外。曹操终于寻得机会除掉了杨修，杨修也终于结束了他聪明的一生。

杨修确实够聪明，但聪明得又太傻，聪明得能看透别人看不到的很多东西，能猜透别人猜不透的许多事情。然而，他又太愚蠢了，愚蠢得不知如何保护自己。

虽然有锋芒是好事，可以成为事业成功的基础。然而物极必反，在某些时候，锋芒也是双刃剑，可以刺伤人，也会刺伤自己。如果过分在上司面前外露自己的聪明才华，很多时候都会导致自己的失败。

任锐应聘到公司任职时，部门经理对他有戒心，因为任锐各方面明显比他强，部门经理是函授毕业本科生，而任锐是海外归来的"洋博士"。任锐刚到公司上班，部门经理就拍拍他的肩膀说："老兄，我随时准备交班。"眉宇间透露出一丝悲凉。可任锐知道自己的身份，部门经理是上司，他是经理的助理，他们之间是上下级的关系，而且任锐也从没有想"夺权"的歹念。

于是任锐想在大智若愚上做点文章，以消除上司对他的戒心，因为如果任锐稍有张扬，他的才气就会喷涌勃发的，立刻会反衬出上司捉襟见肘的尴尬。在业务会上，任锐对自己的真知灼见、远见卓识有意打下埋伏，留下思维的空间给经理作总结。平常任锐尽量表现得愚笨一点，收起他的锋芒，经常向经理请示汇报，不擅自做主，特别是一些决策性的工作，任锐都等经理表态。有一次，经理出差不在家，有一笔生意其实任锐看得很准，肯定能赚大钱的，他还是向远在千里之外的经理请示,说自己吃不准,请经理定夺,把"功劳"让给经理。

经过一段时间的相处,经理对任锐消除了戒心,他把好多重大的决策权都主动下放给任锐,使任锐能纵横驰骋地发挥自己的才华,没有后顾之忧。

一个真正的聪明人不是让别人知道自己的强,而是让对方知道自己的弱,他们善于以此来求得自我保护,这不失为一个好计谋。因此,做人要懂得先保护自己,收敛锐气,待时机成熟再锋芒毕露、一鸣惊人,这样就会减少中途夭折的危险。

上司的"庇护"对你不是一件好事

身在职场中的每个人可能都喜欢心地善良、脾气又好的上司。的确,与这样的上司在一起工作,身心放松,即使做了点儿出格的事儿或者冒犯了他,也不必担心他会"修理"你。可是,对于那些吹毛求疵、时刻都准备找茬儿的上司呢?我们总是心里很担心,生怕工作没有做好,让上司挑出毛病,于是总是小心翼翼,下意识地躲避他们。

如果你想成功,想做一番事业,这种心态一定要注意克服。因为"修理"你的人,往往就是把你当成人才、想进一步打磨你的人。

日本大企业家福田先生在做服务生的时候,常常被老板小松先生责骂。但福田也因为他每次的责骂而得到一些启示,学会一些事情,所以福田当时总是"主动地"寻找挨骂。只要遇见了小松先生,福田决不会像其他怕挨骂的服务生那样逃之夭夭,总是恰到好处地把握机会,立刻趋身向前向小松先生打招呼,并态度诚恳地请教说:"早安!请问社长,您看我有什么地方需要改进吗?"

这时,小松先生便会给他指出许多需要注意的地方。福田在聆听训话之后,必定马上遵照社长的指示改正自己的缺点。

　　福田殷勤主动地到小松社长面前请教，是因为他深知年轻资浅的服务生很难有机会直接和老板交谈，只有如此把握，别无他法。而且向老板请教，通常正是老板在视察自己工作的时候，这就是向老板推销自己的最佳时机。所以，小松先生对福田的印象就比任何人都深刻，对福田有所指示时，也总是亲切地直呼他的名字，并耐心地告诉福田什么地方需要注意、哪些地方有待改进以及如何改进等。

　　就这样，福田每天主动又虚心地向小松先生讨教，持续了两年。有一天，小松社长对福田说："我长期观察，发现你工作相当勤勉，值得鼓励，所以明天开始我请你担任经理。"就这样，19岁的服务生一下子便跳升为经理，在待遇方面也提高很多。

　　从福田挨骂获得成长的经历来看，在待人处世中，特别是在与上司接触的过程中，被上司指责和训斥，就是在接受另一种形式的教育、培养和深造。

　　柳宗元在《敌戒》中说："皆知敌之仇，而不知为益之尤；皆知敌之害，而不知为利之大。"他举例说：秦有六国，竞竞以强，六国既亡，天下承平，于是采不死之药，用拍马之徒，喜颂圣之声，恶报忧之闻，终落个二世而亡。看来，人没有敌手是很难发挥自己的全部潜能的，这是因为最难的是"战胜自我"。没有敌手的激励，难免怠惰，难免放纵，难免降低追求的目标。

　　因此，对于"修理"我们的上司或者是师长，我们要心怀崇敬。切不可因为受到批评，包括不公正、不合理的批评，而对其心存芥蒂，这样的话，就把"玉"当成"石头"了。心怀崇敬，就是一要觉得这种人是非常高大的人；二要觉得这种人是值得尊敬的人。这两种想法表现在实际交往中，一定会让对方感到满意，让自己也得到益处。

　　昔日的商人，大都有过一段给人当学徒的经历。掌柜的对其严厉督促：生活上要勤劳自律，生意上要机灵用心。谚称："十年寒窗考状元，十年学商倍加难"、"忙时心不乱，闲时心不散"、"人有站相，货有摆样"。

　　学徒期满，懂得了规矩，增长了能力，明白了事理，了解了人情以后的再正式从商,都得益于这段宝贵的经历。真正有见识的人,都不把被"修理"当坏事,甚至会主动去寻找一个能给自己带来压力的地方。

冯先生担任某公司主管多年,最近辞去了工作,到一家比较小的公司"低就",情愿从较低的薪水做起。问他原因,他笑说:"老板不够狠。"

原公司老板以温柔敦厚著称,该公司海外分公司的某位经理因为收取回扣,造成了公司上千万美元的损失,证据确凿之下,被上司勒令离职,但是这位经理却是老板的校友,别有一番私人关系,自己理亏,还敢越级上奏,结果竟被留了下来,既往不咎。

所有知情的主管都被淋了一头冷水:如此不是鼓励大家拿回扣吗?反正老板不会惩罚。

还有几位资深员工,在该公司完全赶不上 e 化速度,已经到了每天早上到公司喝茶看报纸,过悠闲生活的地步。公司人事部门在专业评估后,请这几位退休,他们跑去跟老板哭诉。老板很有良心,又让他们留下来,继续尸位素餐。

由于老板心地好,不会主动辞掉员工,公司数千名员工的平均年龄竟然高达50 岁。放眼望去,白发者居多。"快成敬老院了。"冯先生说。

虽然他也欣赏老板的慈悲为怀,但是几经考虑,觉得这样的公司实在赶不上日新月异的时代,未来经营的危机很大,再待下去"就像坐上一班不久后一定会撞上山崖的慢车一样"。老板赏罚不分,仁慈到近乎懦弱,他工作起来也没有什么动力,于是牙一咬,投靠别的公司去了。

每个人都希望老板仁慈一点,但事实上,老板若不够狠,公司也会出问题。在我们看来,每一个有竞争力的产业,老板都有一个特质:敢给,但也敢摇苹果树,不时要让树上不好的果子落下来。

对于那些和仁慈柔弱的人共事来说,此处决不是一个长久的安乐窝。那些好好先生是好人,同时也是庸人,和他们在一起,想有什么建树都难。趁自己的双脚还有力量,还是赶紧去寻找自己的出路吧!否则,在平庸的环境中浸泡久了,你也难免要平庸起来。

争
与
让
的人生智慧课

争与让的
{人生智慧课}

别因为爱当"心腹"而成为"祸患"

作为一个员工，老板关系着我们的切身利益，升迁、加薪、休假等各种待遇都掌握在他的手上，跟上司走得近，就成了上司的人，就更容易获得这些机会。有些员工渴望成为上司的心腹，得到上司的赏识，于是处心积虑地接近上司。结果物极必反，跟上司走得越近，就越容易被抓住把柄，影响其发展。

马明宇初进一家电脑公司工作时，被分在采购部，经理让马明宇给主管王林当助理。王林深得经理赏识，他不仅办事干练、经验丰富，且为人处世有口皆碑。王林从不把马明宇当"丫环"呼来唤去，反而处处关照，传授马明宇业务知识也毫无保留。马明宇暗自庆幸自己遇到了贵人，打心眼儿里对他充满感激。

王林第一次带马明宇出差，是为公司采购一批笔记本电脑。与对方的张总谈判时，王林游刃有余，不时地逗着对方降价。而马明宇更想趁机努力表现，找出各种理由拼命压价，分毫必争，张总面红耳赤，有些招架不住。正当马明宇得意之时，突然发现王林竟然不出声，而且脸色阴沉。谈判不欢而散，马明宇很纳闷：为公司争取利益，难道有什么不妥吗？

晚上，王林单独找到马明宇，递给马明宇一个红包，平静地说："张总给的。"马明宇恍然大悟，这分明是损公肥私，万一被公司知道了，保准被炒鱿鱼。王林仿佛看穿了马明宇的心思，说："不用担心，只要咱兄弟俩不说出去，没人知道。再说，就算我们不拿回扣，张总也不会降价，这是行业规矩，慢慢你就会明白的。"

事情既然已经挑明了，如果马明宇不拿，等于与王林为敌，何况他一直把自己当亲兄弟照顾。除了收下红包，马明宇没有第二种选择。

第二天的谈判格外顺利，签完合同，张总欢天喜地，亲自把他们送到机场。回到公司，一切如常。以后每次马明宇同王林出去采购，彼此都心照不宣，共同的秘密,把他们的关系拉得更近。只是,马明宇隐隐有些担心,害怕有朝一日东窗事发。

大半年过去了,马明宇最担心的事情始终没有发生,然而却发生了另外一件事。原来的经理另谋高就,走之前,也向公司推荐王林。得知消息,马明宇兴奋得一夜没睡好,马明宇感到自己的春天即将到来。

王林顺利地当上采购部经理。不出所料,上任当天,他就把自己手上的业务全部移交给马明宇,并拍着马明宇的肩膀说:"你办事,我放心。"理所当然,马明宇接替王林的位置,成了业务骨干。马明宇不过是个才来大半年的新人,能得到如此器重,同事们自然有些嫉妒,但也无可奈何。谁都看得出来,马明宇是王林的心腹。

没多久,办公室里忽然人心惶惶,传言公司即将裁员,采购部要裁员一半。马明宇特意跑去问王林,传言得到证实,然后,王林意味深长地说:"你只管安心工作,有我在,其余的事不必多想。"吃下这颗定心丸,马明宇不再杞人忧天。公司有好几百名员工,老总不可能对每个人都了如指掌,谁去谁留,还不是部门经理说了算。哪怕采购部只剩下最后一个员工,那一定是我马明宇,谁叫我马明宇是王林的心腹呢。

一个星期一的早上,马明宇刚到公司,就被通知去老总办公室。老总见马明宇进来,又是主动握手,又是亲自倒茶,异乎寻常的热情,弄得马明宇心里直发毛。交谈很简短,不超过5分钟,马明宇不清楚老总到底说了些什么,只明白了一件事:自己被公司裁掉了,而且是第一个出局。

马明宇马上去找王林,想问个究竟,但他没来上班,打他的手机,关机。毫无疑问,王林早有预谋。气愤之下,马明宇想去找老总,揭穿王林的老底,可是刚迈出两步,理智又把马明宇拉了回来。毕竟自己也参与了那些事,一旦抖出来,不是搬起石头砸自己的脚吗?现在真是哑巴吃黄连,有苦说不出,所以马明宇只能黯然离去。

可见,与老板的亲密关系也不一定会成为自己的保护伞,相反,有时会害了

争与让的人生智慧课

自己。

俗话说"距离产生美"。这就是说和老板保持适当的距离是很重要的。因为老板毕竟是老板，他需要一种绝对的权威，需要下属对他的认可、敬畏和服从。这也是一个老板的价值和尊严所在。

在工作中，如果过多地介入上司的私生活，将使你脱离了与上司的正常关系，了解上司的个人隐私和事业上的"秘密"对你更没有好处。即便上司对你吐露的秘密仅局限于公司内部的事情，这仍会带来麻烦。你介入得越深，你的行动会越不自由。

了解领导的主要意图和主张，但不要事无巨细，明了到他每一个行动步骤和方法措施的意图是什么。这样做会使他感到，你的眼睛太亮了，什么事都瞒不过你，那么他工作起来就会觉得很不方便。

另外，在公司里，员工跟上司过分亲近，就会被认为是上司的人，被同事看做上司的心腹和安插在他们之中的间谍，自然会引起同事的反感，进而遭到冷遇、排斥和孤立。因而，不要在上司的办公室里一谈就是半天，哪怕是为了工作，以免给他人留下"你是他的心腹"的印象。其实你不妨用报告或电子邮件的形式汇报工作和提出建议。凡事走正当程序，做人"职业化"一些，这才有利于你长久的发展。

第6章 让三分脸面与人,
智者不争闲气

　　做人固然不能不要尊严,但自尊心太重反而会束缚住自己的手脚,禁锢自己的思想,为自己的前途和发展蒙上一层阴影。在与别人合作的过程中,一定要有把他人推向前台、自己屈居幕后当"老二"的度量,不逞意气之争,这既是强者操纵大事的手段,也是弱者取得最大化利益的有效策略。

有的面子一定要给,有的面子一定不能要

　　人们常说"人争一口气,佛争一炷香"。面子既不能不要,也不能都要。我们一定要对这个问题有一个正确的认识。否则,自己为了要面子,而实际上往往是丢了面子,丢了面子是小事,但是为了面子而活受罪则实在是不划算的。

　　面子和金钱到底哪个更重要?相信每个人都有自己的见解和看法。中国古代有"贫者不受嗟来之食,志士不饮盗泉之水"的典故,历来为人所称道和赞扬。这种气节固然让人钦佩,但随之而来的结局却让人惋惜。毕竟人的生命只有一次,为了那点可怜的面子而殒命,实在有点不值。

　　做人固然不能不要尊严,但自尊心太重反而会束缚住自己的手脚,禁锢自己的思想,为自己的前途和发展蒙上一层阴影。

　　张桐是一个自尊心很强的机械设计师,以前在国企工作,一直担当着设计部的主管,能力出众。后来,国企改制,他想换一家单位工作,重新找一个支撑点,好好干一番事业。所以,在招聘会上投出十几份求职简历。有几家公司通知他去面试,初试过关后,轮到了复试,人事部主管征求他薪金的要求,因为拉不下面子,张桐让对方根据情况定,人家以为他能力不够,让他回去等,一等便是再无消息。张桐感到很沮丧,本来,他以为靠自己出色的工作能力和丰富的实践经验,一定会轻松地把工作搞定,但结果却让他十分失望。后来,他找到一位常年在外企摸爬滚打的朋友诉说苦衷,对方听了他的求职过程后,便拍着他的肩膀说:"哥们儿,你把面子看得太重,人家还以为你能力不够,不敢提薪金要求,这是教训。下次宁可据理力争,也别羞于开口。要知道,在今天这个经济社会里,你必须把面子放到一边,才能得到你想要的东西。"在这位朋友的启发下,他才知道,因自己羞于谈薪水的问题,而被招聘者看轻了。此后,他吸取了教训,在应聘时,直接向老板谈自己的薪金要求,结果,试用期一过,他因出色的工作能力被正式录用,薪水也令人满意。

愚者错失机遇,智者善抓机遇,而成功者要勇于丢下面子去抢夺机遇,不要慨叹命运的不公,如果你认为自己有资格能得到某样东西,就应该丢下面子,把它紧紧地抢抓在手里,不要让它轻易流失。

对于我们自己,不该要的面子要拉得下脸;对他人,却一定要把人捧起来。与人交往不能不给面子,不能扯破脸,更不能使对方颜面扫地。显而易见,面子是交往中不可回避的重中之重。尤其是一些无关紧要的事,你更要懂得给人面子。也就是说,给人面子是联络感情的最好方法;而伤人面子,受害的最终是自己。

据历史记载,隋炀帝很有文采,但他最忌讳别人的文采比自己强。有些臣子因为犯忌,惨遭杀害。有一次,隋炀帝写了一首《燕歌行》诗,命令"文士皆和",也就是仿照他诗的题材和一首。多数臣子皆较明智,不敢逞能,抱着应付的态度,唯独著作郎王胄却不知趣,不肯屈居隋炀帝之下。后来,隋炀帝便找了一个借口将王胄杀害,并念着王胄的"庭草无人随意绿"的诗句,问王胄:"复能作此语耶?"意思是你还能作出这样的诗句来吗?

这个故事告诉我们,争强好胜,使对方下不来台,常常不会有好结果。对于明智的人来说，即使自己会做得很好，也决不逞一时之强，做使他人面子难堪的蠢事。

"小姐！你过来！你过来！"顾客高声喊着，指着面前的杯子，气愤地说，"看看！你们的牛奶是坏的，把我一杯红茶都糟蹋了！"

"真对不起！"服务小姐赔不是地笑道，"我立刻给您换一杯。"

新红茶很快就准备好了，碟边跟前一杯一样，放着新鲜的柠檬和牛奶。小姐轻轻放在顾客面前，又轻声地说："我是不是能建议您，如果放柠檬，就不要加牛奶，因为有时候柠檬酸会造成牛奶结块。"

顾客的脸一下子红了，匆匆喝完茶便走出去了。

有人笑问服务小姐："明明是他二，你为什么不直说呢？他那么粗鲁地叫你，你为什么不还他一点颜色看呢？"

"正因为他粗鲁，所以我要用婉转的方式对待；正因为道理一说就明白，所以用不着大声！"小姐说，"理不直的人，常用气势来压人。理直的人，要用和气来交朋友！"

故事中的服务小姐，有理让三分，不仅赢得了顾客，更提升了她的公众形象和社会地位。

事实上，给人面子并不难，也无关乎道德，大家都是在人性丛林里生存，给人面子实际上就是一种互助。至于重大的事，就可以考虑不给了，你不给，对方也不敢对你有意见！他若强要面子，就有可能在最后失去面子！

例如：在公开场合受到不公正的批评、错误的指责，会给自己造成被动。但你可以一方面私下耐心作些解释，另一方面用行动证明自己。当面顶撞是最不明智的做法。既然是公开场合，你下不了台，反过来也会使领导下不了台。其实，如果在领导一怒之下而发其威风时，你给了他面子，这本身就埋下了伏笔，制造了转机。你能坦然大度地接受其批评，他会在潜意识中产生歉疚之情或感激之情。在公开场合耍威风来显示自己的权威，换取别人的顺从，这样不聪明的领导是很少的。如果你遇到的是这样的领导，你当然可以在适当的机会给他以"反批评"。

争与让的人生智慧课

57

学会"给他人留面子"就等于成功了一半。凡是与他人的意见产生分歧时,试着用这么一种句式:"原来是这样啊!你说的是正确的,我经常为此而出错,不过幸好这次有你的提醒,我才不至于再犯相同的错误。依我看,这是最理想的结果。"将这些用语应用到与人交往时,没有人会不给你面子。

永远把对方放在"重要位置"

美国哲学家约翰·杜威说:"人类本质里最深远的驱策力就是希望具有重要性。"我们生活中的每一个人,无论他是默默无闻还是身世显赫,也无论他是文明人还是野蛮人、年轻人还是年老人,每个人都有被重视、被关怀、被肯定的渴望,当你满足了他的要求后,他就会对你重视的事物焕发出巨大的热情,并成为你的好朋友。

在生活中,如果你是个对"面子"无所谓的人,那么你肯定是个不受欢迎的人;如果你是个只顾自己面子,却不顾别人面子的人,那么你肯定是个有一天会吃暗亏的人。只有给足别人面子,你才能获得好人缘。

事实上,给人面子并不难,只要你给人光辉、给人余地,就能做到这一点。如果你乐意给人面子,别人也就不会给你难堪,甚至会牺牲自身的利益来帮助你。

我国清代的红顶商人胡雪岩,之所以能在官、商两道畅行无阻,有一个很重要的原因就是他了解每个人都会看重自己的心理需求,并且尽力满足他们的这种心理需求。

年关将至,各处的账目和开销要了结,胡雪岩屯积在上海的生丝必须要出手了。若与丝业世家的庞二商议妥当,就可以垄断行情,加重与洋人谈判的筹码,现在只等庞二的一句话了。

与手下的人商议起来,有人认为庞二必定会答应的,让他赚钱,何乐而不为呢?胡雪岩大摇其头,他认为:与庞二这种少爷共事,有交情,他自然会答应,交情不够就难说了。第一,他跟洋人做了多年的交易,自然也有交情,有时不能不迁就,第二,在商场上,还有面子的关系,说起来庞二做丝生意,要听我胡某人的指挥。像他这样的身份,这句话怎么肯受?

事情还是那个事情,全在于怎么说了,胡雪岩当场就教了手下的"公关"刘不才一套说辞。

刘不才闻言受教,第二天专程云访庞二,一见面先拿他恭维一顿,说他做生意有魄力、手段厉害,接着便谈到胡雪岩愿意拥护他做个"头脑"的话。

"雪岩的意思是,洋人这几年越来越精明、越来越刁,看准有些户头急于脱货求现,故意杀价。一家价钱做低了,别家要想抬价不容易,所以,想请你出来登高一呼,号召同行齐心来对付洋人,大家没有不服从您的!"

轻轻一句话,便暗中转换了概念,将胡雪岩由倡导者的地位,说成随时可供庞二少爷驱策,这话不论谁听了,心里也会舒服些。合作的成功,也只是时间的问题了。

在这里,胡雪岩利用别人仍重视名声的心理,适时把对方推上前台,而自己甘心隐于幕后,从而借他人之名而成功实现自己的目标。并且大家都从中得到了自己想要的东西,皆大欢喜。精明的胡雪岩明白,名字虽然是你的,但东西是属于我的。他不计较这种表面的东西,也就得到了最实在的利益。

在与别人合作的过程中,可以把外表的荣誉让出来,主动让对方站在前台。这既是强者操纵大事的手段,也是弱者取得最大化利益的有效策略。

谦恭退让的人,大家也必然乐于与之携手。

一次,东芝公司一位业务员无意中向董事士光敏夫说了一件事情:公司有一笔生意怎么也做不成,主要是购方单位的负责人经常外出,自己多次登门拜访都扑了空。士光敏夫听了后,沉思了一会,然后说道:"啊,请不要泄气,待我上门试试。"

这位业务员听说董事长决定"御驾亲征",不禁吃了一惊。他一方面担心董事

争与让的人生智慧课

长不相信自己的真实反映；另一方面担心董事长亲自上门推销，万一又碰不上那家单位的负责人，岂不是太丢一家大企业董事长的脸？他越想越怕，急忙劝说："董事长，您不必亲自为这些具体小事操心，我多跑几趟，总会碰上那位负责人的。"他没有理解董事长的想法。

第二天早晨，士光敏天真的带着那业务员亲自来到那位负责人的办公室，果然没有见到那位负责人。当然，这是士光敏夫预料之中的事。他没有因此而告辞，而是坐在那里等候。

等了很久，那位负责人回来了。当他看了士光敏夫的名片后，慌忙说："对不起，对不起，让您久候了。"

士光敏夫毫无不悦之色，反倒微笑着说道："贵公司生意兴隆，我应该等候。"那位负责人非常清楚自己企业的交易额不算多，只不过几十万日元，而堂堂的东芝公司董事长亲自上门进行洽谈，觉得十分有面子，因此，很快就谈成了这笔交易。

最后，这位负责人热切地握着士光敏夫的手说："下次，本公司无论如何一定买东芝的产品，但唯一的条件是董事长不必亲自来。"

那位陪同士光敏夫前往洽谈的业务员，看到此情此景深受教育。他知道董事长此举不仅是帮他做成了一笔生意，而且教他以坦诚的态度赢得顾客。

《圣经·马太福音》中有句话："你希望别人怎样对待你，你就应该怎样对待别人。"这句话被大多数西方人视为待人接物的"黄金准则"。真正有远见的人会在与他人的日常交往中为自己积累最大限度的"人缘"，同时也会给对方留有相当大的回旋余地。给别人留面子，其实也就是给自己挣里子。

展示才华时,不要使人相形见绌

"好为人师"本是一种单纯的行为,但是如果锋芒毕露,表现得太过优秀,则易遭人忌妒,甚至成为自己成功的障碍。在现实生活中,这样的人也很多,他们虽思路活跃,说话滔滔不绝,但是只要他一张口,就令人生厌,因此很难得到别人的认同。

为什么会这样呢?因为这种人多数都太爱表现自己,总想让别人知道自己很有能力,于是显示自己的优秀,以为这样就能获得他人的认可和敬佩,殊不知正好适得其反。特别是年轻人初出茅庐,往往年轻气盛,这方面尤其应当注意。因此心气决定着你的形态,形态影响着你的事业。

一位书法大师带着徒弟去参观书法展。他们站在一幅草书前,大师摇头晃脑地一个字一个字地往下读,突然卡壳了,因为那个字写得太草了,大师一时也认不出来,正左思右想之时,徒弟笑道:"那不就是'头脑'的'头'嘛!"

大师一听就变了脸色,怒斥道:"轮得到你说话吗?"

这个徒弟显然是有才的,但也显然是不懂心高不可气傲这一道理的。这次惹恼了师父,大师以后会不会喜欢他就很难说了。

一个博士生论文答辩之后,指导教授对他很客气地说:"说实在话,这方面你研究了这么多年,你才是真正的专家,我们不但是在考你、指导你,也是在向你请教。"

博士生则再三鞠躬说:"是老师指导我方向,给我找机会。没有老师的教导,我又能怎么表现呢?"

本来,能赢得指导教授的肯定和赞美是一件多么值得骄傲的事啊,但博士生没有因此得意洋洋,而是谦逊地感谢导师,无疑这种得体的表现会赢得众教授的好感,于他只会有益而不会有害。

才华是一个人成功的基础,一个有才华的人能得到大把大把的表现机会,一个无能的人,即使再张扬地表现自己也不可能成功。但一个有才华的人过于炫耀自我,压制了他人的表现空间,损害了他人的利益,就必然招致众人的嫉恨。如果发展到这一步,他的前途和事业就非常危险,随时可能被人拉下马来!

柳楣相貌出众、活泼大方,然而令人不解的是她在单位里的人缘却不是很好,原来她"太爱表现自我"了。上司来了解情况时,她总是抢着发言,次次都成了她和上司的单独对话,剥夺了其他同事交流的机会。大伙在一起聊天时,只能听她一个人说,或者只能谈她所感兴趣的话题,否则她就不感兴趣、不耐烦或干脆走人。上司在场或有能露脸的任务时,她就抢着去表现自己,而上司不在场或有一些不起眼的小事时,她就敷衍了事,能躲就躲。

其实,每个人从内心深处来说都有"爱表现"的因素。如果一个人过分自私,只顾表现自己,并且还把别人表现的机会都抢走,处处以自己为"主角",把他人当"观众",那么,这台戏是唱不了多久的。"观众"就会拆你的台、冷你的场,让你孤零零地唱"独角戏"。试想,你连一个观众都没有了,还能表现给谁看呢?

俗话说:木秀于林,风必摧之,如果一个人表现得太突出、太优秀,就会让周围的人显得平庸,容易引起他人的嫉妒。即便是你不想得罪人,也会遭到他人的暗算。老子曾说过"良贾深藏财若虚,君子盛德貌若愚",是说商人总是隐藏其宝物,君子品德高尚,而外貌却显得愚笨。这句话告诉人们,必要时要藏其锋芒,收其锐气,千万不可不分场合、不分时间地点地将自己的才能让人一览无余。如果你的长处与短处被同事看透,就很容易被他们操纵了。

当然,隐藏锋芒并不是说做什么事情都不要锋芒毕露,适当表现一下,偶尔露一下锋芒,可以给上司、同事留下一个良好的印象;但是一定要把握好度,为人处世不可做得太绝。不要急于提意见,千万别越位。让上司、同事消除戒心,要懂得先保护自己,收敛锐气等待时机,切忌以自我为中心。

有一位学者曾有过这样的一番妙论:"你有什么可以值得炫耀的吗?你知道

是什么原因使你没有成为白痴的吗?其实不是什么了不起的东西,只不过是你甲状腺中的碘而已,价值并不高,才5分钱。如果别人割开你颈部的甲状腺,取出一点点的碘,你就变成一个白痴了。在药房中5分钱就可以买到这些碘,这就是使你没有住在疯人院的东西——价值5分钱的东西,有什么好谈的呢?"越是有涵养、稳重的成功人士,态度越谦虚,相反,只有那些浅薄的、自以为有所成就的人才会骄傲。美国石油大王洛克菲勒曾说:"当我从事的石油事业蒸蒸日上时,我晚上睡前总会拍拍自己的额角说:'如今你的成就还是微乎其微!以后的路途仍多险阻,若稍一失足,就会前功尽弃,切勿让自满的意念侵吞你的脑袋,当心!当心!'"这就是告诫人们要谦虚,尤其是稍有成就时应格外小心,不要骄傲。

当"老二"有当"老二"的好处

在现今的社会中,为人处世,跟人打交道,只要稍微有一点点处理不当,就有可能会给自己带来很多麻烦,造成工作中的不愉快,甚至会影响自己的整个人生。所以,身在职场,在跟人相处的时候,我们一定要保持低调,甘心做"老二"!

几年前看过一篇工商人物的专访报道,受访者是一位电脑业的老板,这位老板在提到他的企业与另一家企业孰大孰小的问题时,他说他不想去跟那一家比,也不必去跟它比,他强调他采取的是'老二政策"。他说,当"老大"不容易,因为不论研发、行销、人员、设备,都要比别人强,为了怕被别的公司赶超过去,便不断地扩充、投资,换句话说就是要花很多心思和力气来维持"老大"的地位。他认为这样太辛苦了,而且一旦出现问题,不但老大当不成,甚至连想当老二都不可能了。

这只是他个人的想法,因为并不是当"老大"就一定会很辛苦,有人就当得轻松愉快,因此,当老大、老二或老三完全是观念问题。不过这位老板所说的却也是实情——当"老大"的要费很多力气来维持"老大"的地位。而当"老二"自有当"老二"的好处。

据说,秦始皇兵马俑博物馆的"镇馆之宝"是一尊跪射俑。在出土、清理和修复的 1000 多尊各式兵马俑中,只有这尊跪射俑保存得最为完整,未经人工修复,仔细观察,就连俑身上的衣纹、发丝都还清晰可见。这尊跪射俑何以保存得如此完整呢?其实是得益于它自身的低姿态。兵马俑坑是地下通道式土木结构建筑,一旦棚顶塌陷、土木俱下时,高大的立姿俑自然首当其冲,而低姿态的跪射俑受到的损害却很小。另外,跪射俑呈蹲跪姿,右膝、右足、左足 3 个支点呈等腰三角形,完全支撑着上体,整个身体重心在下,增加了稳固性,这与两足站立的立姿俑相比,避免了倾倒、破损。所以,秦始皇兵马俑中的跪射俑在经历了 2000 多年的岁月后,依然完整地呈现在我们面前。

低姿态,是一种处世之道,是一种聪明之举,也是人生的成功招术。它可以让你避开无谓的纷争,可以更好地保护自己、发展自己、成就自己。正如老子所说,当坚硬的牙齿脱落时,柔软的舌头还在,这就说明柔软胜过坚硬,无为胜过有为。

低姿态,一来可以避免树大招风,使自己快速地融入到社会中去,能够与人和谐相处;二来可以使自己在暗中积蓄力量,不显山、不露水地悄然潜行,让别人不知你的虚实,你就可成就自己的事业。

甘心做"老二",也是生存的需要。古人云"不积跬步,无以至千里;不积小溪,无以成江海",尽管有时并不是自己的真正目的,但却是为了成为"老大"的一种必要手段;甘心做"老二",也是现实的选择。刚刚步入社会的学子,缺乏历练、没有经验,单靠一些豪情壮语的"激情",无疑是"螳螂挡道,不自量力"。

《周易》中说:"君子藏器于身,待时而动。"无此器最难,而有此器,却不思无此时,则锋芒对于人只有害处,不会有益处。额上生角,必触伤别人,不磨平触角,别人必将力斩,角被折断,其伤必多。锋芒是额上的角,既害人又害己。

身在职场,我们每一个人都会有优于别人的时候,当你在工作中取得一些或大或小的成绩时,你是否会有一种优越于人的感受?是否会随着成绩的增长,自信心也暴增?总感觉自己与众不同,甚至高人一等,时不时地还想要显摆一下自己的能耐？如此的高姿态，即便你是无意的，别人总能够从你不经意的言语或行为中感受到你的傲慢，你会因此而大量地消耗掉自己的很多精力。因为，没有人会愿意与一个傲气十足、自以为是的人交朋友，你将会因此而失去很多的人脉关系。而如果凡事采取低姿态，遇到问题多向周围的人请教，遇上任务成功完成或业绩有成，最好是将功劳归于大伙儿。特别是对同事和上司，一定要保持谦虚的态度，降低人家对你的妒意。即使当你像坐直升机一样，权势一天比一天大时，请仍然保持与旧同事的关系，抽时间与他们在一起。谈话时更不能自己翻那些成功史。即使同事阿谀一番，也当是耳边风好了，或者索性说："那绝非我的功劳，这与公司全体人员的努力都分不开。"

同事之间为了升职或加薪争得头破血流，其结果是两败俱伤，被劝辞职，真是"赔了夫人又折兵"；但有些同事在利益上默默无闻，踏实工作，不与那些锋芒毕露的同事争斗，上司是会看在眼里、记在心里的，并会迅速地提拔这些人，这种默默无闻、甘做老二的处世方法实际是一种聪明人的处世方法。

如果你总能够以低调的态度面对人生，即便是在自己取得显著的成绩时，依然能够放低自己、放下身段，以平常心去和别人交往，看到别人的长处，承认自己的不足，你就能够为自己积蓄更多的职场能量。当你需要帮助的时候，别人会毫不犹豫地伸出援助之手，在你困惑的时候，会有人主动为你指点迷津。

总之，甘做"老二"并非真的是甘居人后，而是从做"老二"中可以获得更多的妙处，因为枪打"出头鸟"，做"老二"就降低了风险系数。

争与让的人生智慧课

第7章 让三分口惠与人，
智者不争小隙

俗话说："百样米养百样人。"在现实社会中，不可能人人的价值观念与处世方式都与我们合拍，要成大事，就要有容人之量。为了显示自己的精明强干而逞口舌之利，不但不能改变别人的立场，反而会给自己招来忌恨。对于一些非原则问题，不妨让人三分，从而减少不必要的摩擦，把精力用在更重要的事情上。

大目标要紧，小纠纷不值得耗费精力

有一种人，反应快、口才好、心思灵敏，在生活或工作中和同事有利益或有矛盾冲突时，往往能充分发挥辩才，把对方辩得脸红脖子粗、哑口无言。

在辩论会、谈判桌上，这种人也许是个人才，但在日常生活和工作场合中，这种人反而会吃亏，因为日常生活和工作场合不是辩论场，也不是会议场和谈判桌，你面对的可能是能力强但口才差，或是能力差、口才也差的人，你辩赢了前者，并不表示你的观点就是对的，更何况多了一个对立面；你辩赢了后者，除了凸显你只是个好辩的人罢了，更何况输者今后对你一定耿耿于怀。

而一般常见的情形是，人们虽然不敢在言语上和你交锋，但对的事情大家心知肚明，反而会同情"辩"输的那个人，你的意见并不一定会得到支持，而且别人因为怕和你在言语上交锋，只好尽量回避你。如果你得理还不饶人，把对方"赶尽杀绝"，让他没有台阶下，那么你已种下一颗仇恨的种子，这对你绝对不是好事。

有一年，英国退役陆军元帅蒙哥马利访问中国。他来到河南洛阳参观，好奇地走进一家剧院，剧院正在上演豫剧《穆桂英挂帅》。当他了解该剧的剧情后，连连摇头，说："这个戏不好，怎么能让女人当元帅？"于是，他和中方陪同人员发生了一场小小的争论。开始时，中方陪同人员解释说："这是中国的民间传奇，群众很爱看。"蒙哥马利立即断言："爱看女人当元帅的男人不是真正的男人，爱看女人当元帅的女人不是真正的女人。"中方人员不服气地说："我们主张男女平等，男同志能办到的事，女同志也能办到。中国红军里就有很多女战士，现在解放军里还有女少将呢！"蒙哥马利毫不退让："我一向对红军、解放军很敬佩，但不知道解放军里还有一位女少将。如果真的是这样，会有损解放军声誉的。"中方人员又反驳说："英国女王也是女的。按照英国的政治体制，女王是英国国家元首和全国武装部队总司令，这会不会有损英国军队的声誉呢？"蒙哥马利突然语塞，无话可说了。

这位中方陪同人员无疑是个机智的辩才，但他绝对不是一个合格的接待者！他赢得了辩论的胜利，却仅仅是一场虚无的胜利而已。

每一个人都相信自己才是真理的拥有者，为此，他们常常争论不休，但他们却不知道，言辞是很苍白无力的，它很少能说服他人改变立场，就算是口若悬河的诡辩家也挽救不了自己的命运。所以说，逞口舌之利是毫无意义的，不但不能改变别人的立场，反而把自己逼上绝路，一个明智的人应该学会以间接的方式证明自己想法的正确性。

智者认为："你绝对赢不了任何争论。"想想吧，如果在争论中你输了，自然是输了自己的观点，无话可说；即使是你赢得了争论，可是对方却会因此而认为你这个人性格太张扬，不易接近和相处，以后会因此而疏远你，更严重的还可能觉得你让他丢了面子、输了自尊，因此会怨恨你的胜利。是一场小小的争论重要，还是长远的良好友谊重要呢，这就是因小失大的例子。

1981年，被业内人士称为"成本屠夫"的王永庆为了节省PVC原料的运费，决定成立一支船队，直接从美国和加拿大运回PVC原料二氯乙烷（EDC），所以需要采购一批化学运输船。

章永宁是当时中船公司的董事长，他意识到如果能够争取到国际闻名的台塑的订单，那就证明中船具有承造要求极其严格的化学船的能力。于是，章永宁与其他9家知名的造船公司展开了激烈的竞争。在10家公司竞标时，中船并非标价最低，但是在议价时，中船为了取得订单，一再忍痛降价。双方讨价还价，眼看就要成交，最后王永庆希望中船能将价格的零头——50万美元去掉。

章永宁听后欲哭无泪，中船经过几个月的千辛万苦，价格已经到了赔本的地步，没想到王永庆还要压价。章永宁虽然悲愤交加，很想痛斥王永庆一番，但是还是忍痛和气地说："王董事长，这笔生意我不做了，我们还是好朋友，我不能对不起我的员工。"没想到王永庆感动之余，还是把造船的订单给了中船。

章永宁之所以能获得特大订单，最重要也是首要的一条就是：在整个谈话过程中，即使王永庆的要求非常过分，他也一直没有争论，避免了与王永庆正面冲突，从而一举中标，中船也因此一举成名。

人心都是好胜的，如果我们硬要争出个子丑寅卯、胜负成败的话，即使你取得了口头上的胜利，你要做的事情却失败不可。人都是喜欢对方谦和的，如果你能以谦和的态度对待别人，就能把事情处理好。

林肯说过："一个成大事的人，不能处处计较别人，消耗自己的时间去和人家争论。无谓的争论，不但有损自己的性情，且会失去自己的自制力。在尽可能的情形下，不妨对人谦让一点。与其跟一只狗一路走，不如让狗先走一步。如果给狗咬了一口，你即使把这只狗打死，也不能治好你的伤口。"

不说"我"是第一，只说"我们"

在人际交往中，很多人都喜欢谈论自己，或许认为自己的学识高人一等、经历广博；谈论自己的辉煌成绩；或许细数自己的追求者多么殷勤，另一半如何有本事、赚了多少钱、公司里又发了什么奖品和福利……每遇亲朋好友，就迫不及待地高谈阔论自己的经验、心得以及一切让他感到骄傲的地方。总之，仿佛自己的一切都优于别人。

可是，不知你想过没有？当你在交际场上对自己感兴趣的事情或自己的爱好滔滔不绝、大肆吹嘘的时候，会让对方感觉到谈话乏味无聊，决不会产生良好的谈话气氛。

因为，人们最感兴趣的就是谈论自己的事情，而对于那些与自己毫不相关的事情，众多的人觉得索然无味，对于你自己有浓厚兴趣的事情，不仅常常很难引起别人的兴趣，而且还令人觉得好笑。年轻的母亲会高兴地对人说："我的宝宝会叫'妈妈'了。"她这时的心情是高兴的，可是旁人听了会和她一样高兴吗？不一定。谁家的孩子不会叫妈妈呢？你可不要为此而大惊小怪！这是正常的事情，如果不会叫妈妈的孩子才是怪事呢。所以，你看来是充满了喜悦，别人不一定有同感，这是人之常情。

既然在人际交往中，人们感兴趣的是谈论自己的事情，那么，就应该竭力忘记你自己，不要总是谈你个人的事情，而尽量去引导别人说他自己的事情，这是使对方高兴的最好方法。你以充满同情和热诚的心去听他叙述，你一定会给对方以最佳的印象，并且对方会热情欢迎你、热情接待你。

晓荞是保险促销员，一次，她去拜访一位大客户——某公司的经理冯先生。见面之后，晓荞先对自己公司的险种做了大体说明，使冯先生有所了解。但是，冯先生在听的过程中几次都哈欠连连。

就在这时,晓荞发现冯先生背后的书橱里放着许多关于《论语》方面的书,并且办公桌的案头也有一本《论语》。于是晓荞眼前一亮,找到了突破口。晓荞说:"冯先生是不是对中国的古典文化非常感兴趣,尤其是《论语》,您应该有高妙的见解吧?"

本来昏昏欲睡的冯先生听到晓荞谈到《论语》,一下就来了精神,说:"嗯,我对《论语》非常感兴趣,对于丹讲的《论语》有的地方是赞同的,有的地方也是有保留意见的。"

晓荞顺势说:"其实,我也看过'百家讲坛'中于丹讲的《论语》,但是我研究不多,听不出她讲的还有不对的地方!如果有时间还希望冯先生您能不吝赐教。"

冯经理马上被吸引了过来,一下子有了兴致,和晓荞讨论开来。而且,在讨论的过程中,两个人简直就是相见恨晚,保单也顺利地签了,晓荞还和冯经理成了朋友。

这个故事从心理学的角度来看,非常容易解释,一般情况下,当人们遇到自己感兴趣的话题,就会投入12分的热情;但是,如果对话题没有丝毫兴趣,即使对方热情高涨,自己也会昏昏欲睡。

如果你在说话过程中,不管听者的情绪或反应,只是一个劲儿地提到我如何如何,那么必然会引起对方的反感。如果改变一下,把"我的"改为"我们的",这对你并不会有任何损失,只会获得对方的好感,使你同别人的友谊进一步地加深。

比如:我们经常看到记者这样采访:"请问我们这项工作……"或者:"请问我们厂……"经常发现演讲者使用"我们是否应该这样"、"让我们……"等表达方式。这样说话能使你觉得和对方的距离接近,听来和缓亲切。因为"我们"这个词,也就是要表现"你也参与其中"的意思,所以会令对方心中产生一种参与意识。

《福布斯》杂志上曾登过一篇"良好人际关系的一剂药方"的文章,其中有几点值得借鉴:

(1)语言中最重要的5个字是:"我以你为荣!"

（2）语言中最重要的 4 个字是："您怎么看?"

（3）语言中最重要的 3 个字是："麻烦您!"

（4）语言中最重要的 2 个字是："谢谢!"

（5）语言中最重要的 1 个字是："你!"

（6）那么,语言中最次要的一个字是什么呢?是"我"。

亨利·福特二世描述令人厌烦的行为时说:"一个满嘴'我'的人,一个独占'我'字、随时随地说'我'的人,是一个不受欢迎的人。"

因此,会说话的人,在语言传播中,总会避开"我"字,而用"我们"开头。

10 月革命刚刚胜利的时候,许多农民怀着对沙皇的刻骨仇恨,坚决要求烧掉沙皇住过的宫殿。

别人做了许多工作,农民都置之不理,坚持非烧不可。最后,列宁亲自出面做说服工作。列宁对农民说:"烧房子可以,但在烧房子之前,我们大家一起来思考几个问题可以不可以?""当然可以。"农民说。列宁问道:"沙皇住的房子是谁造的?"农民说:"是我们造的。"列宁又问:"我们自己造的房子,不让沙皇住,让我们自己的代表住好不好?"农民齐声回答:"好!"列宁再问:"那么这房子我们还要不要烧呢?"农民觉得列宁讲得好,于是同意不烧房子了。

谈话如同驾驶汽车,应该随时注意交通标志,就是说,要随时注意听者的态度与反应。如果"红灯"已经亮了仍然往前开,闯祸就是必然的了。

因此,多用:你认为如何?通常你是怎样处理这个问题的?你能举一个例子吗?等等,你如果能暂时放弃自我,提出对方感兴趣的话题,引导对方发表见解,才能更好地与对方建立良好的关系。因为有兴趣就有感情,有了感情什么事也就都好办了。

争与让 的人生智慧课

得意不忘形，抬高自己而不贬低别人

当一个人事业有成，或加官进爵之时，当然是应该值得庆贺的，但这种庆贺应适可而止，切忌得意忘形，特别是在言辞上，那种大有"上嘴唇顶天，下嘴唇贴地"的高谈阔论，还是少一些为妙，因为在你的身边，还有一些失意的人，你的张扬会引起他们的心态失衡，有时会激起他们做出一些超出自己能力控制范围的事情，以至于给自己带来不必要的麻烦，如果是在失意的朋友面前，则更要注意自己的言行了，只有在言辞上低调，才能融入到朋友之中，从而更好地保护自己。

行走于社会之中，当你有了得意之事，不管是升了官、发了财，还是一切都备感顺利时，都不应该在失意的人面前高谈阔论，要体谅他们的心情。因为处于失意之中的人，对一切都很敏感，即使你的无心之语，也有可能会伤害了对方的自尊。

有一次，一位先生约了几个朋友来家里吃饭，这些朋友彼此都是熟识的。他们聚拢来主要是想借着热闹的气氛，让一位目前正陷入低潮的朋友心情好一些。

这位朋友不久前因经营不善，关闭了公司，妻子也因为不堪生活的压力，正与他谈离婚的事，内外交困，他实在痛苦极了。

来吃饭的朋友都知道这位朋友目前的遭遇，大家都避免去谈与事业有关的事，可是其中一位朋友因为目前赚了很多钱，酒一下肚，就忍不住开始谈他的赚钱本领和花钱功夫，那种得意的神情，在场的人看了都有些不舒服。那位失意的朋友低头不语，脸色非常难看，一会儿去上厕所，一会儿去洗脸，后来他便提早离开了。

一出门，他便愤愤地说："老赵会赚钱也不必在我面前说得那么神气。"

人人都会经历人生的低谷，人人都会遇上不如意的时候，这时，在失意的人面前炫耀自己的得意之处，无异于把针一根根地扎在别人心上。既伤害了别人，对自己也没有什么好处。

其实，每个人都有一种逆反心理，都会自然而然地在心中对你的高谈阔论不屑一顾。如果你有优点，最好由别人去发现，而不是自我卖弄。许多人都有一种虚荣的心理，比如在无意中获得了一件心爱的宝物，或办成了一桩得意的事情，往往爱在人前炫耀一番。这种炫耀久而久之就变成了一种卖弄，总觉得这样一来，别人知道自己拥有了宝物肯定会投以赞赏和羡慕的眼光，而且自己还因为有这样一件宝物、办成了一件漂亮的事而沾沾自喜。

有了好东西就和大家一起分享，把自己拥有的好东西露给别人看一看，把自己的得意之事说给别人听听，本来也没有什么大不了的。但是，如果得意的心理太炽热，想听奉承和赞美之话的渴望太强烈了，人就陷入了过于"炫耀"之歧途。而这种炫耀有时就像是鸦片，会让你上瘾，最后失去做人的本性。

英格丽·褒曼在获得两届奥斯卡最佳女主角奖后，又因在《东方快车谋杀案》中的精湛演技获得最佳女配角奖。然而，在她领奖时，她一再称赞与她角逐最佳女配角奖的弗伦汀娜·克蒂斯，认为真正获奖的应该是这位落选者，并由衷地说："原谅我，弗伦汀娜，我事先并没有打算获奖。"

褒曼作为获奖者，没有喋喋不休地叙述自己的成就与辉煌，而是对自己的对手推崇备至，极力维护了对手落选的面子。无论是谁，都会十分感激褒曼，会认定她是倾心的朋友。一个人能在获得荣誉的时刻，如此善待竞争的对手，如此与伙伴贴心，实在是一种文明典雅的风度。

在人际交往中，你的一言一行都要考虑对方的感受，学会安抚对方的心灵，不可以由于自己的原因使对方心理失去平衡，给对方造成伤害。与此同时，自己的心灵也会因此而安然自慰，有一个好心情。

但是，我们在生活中经常可以看见一些人大谈自己的得意之事，这是不好的。对方不仅不会认为你是"了不起"的，甚至会认为你是不成熟的、卖弄过去好时光的人，所以，不要时时处处提自己得意之事。

争与让的人生智慧课

　　然而,每个人都想被评价得高一点。明知不可谈得意之事,但却情不自禁地大谈特谈,这是人性中比较麻烦的一面。所以,完全不谈得意之事当然不可能,但同样是谈得意之事,不妨注意一下谈的方式。

　　至少在别人未谈得意之事时,自己也不要谈。也就是说,单方面大谈得意之事不雅,所以先让对方发表演讲之后,那种坏印象也就淡薄了。所以聪明的人就先赞扬对方:"您的见闻广博,请您介绍一下好吗?"促使对方谈自己的得意之事,然后若无其事地说:"我也知道这样的事。"如此这般,穿插自己的得意之事。聪明的人在与人交谈时一定会注意到这个细节。

　　聪明的人切忌在失意人面前谈论得意之事。所以,当你处于顺境、春风得意时,与人交谈一定要考虑到对方的心情,以免无意中伤害了别人的自尊心。面对失意者不说得意事,敬人又敬己,做一个谦逊有礼的人,这样才能赢得别人长久的尊敬。

睁一只眼睛处世,闭一只眼睛交友

　　做人固然不能玩世不恭、游戏人生,但也不能太较真、认死理。"水至清则无鱼,人至察则无徒",太斤斤计较了,就会对什么都看不惯,连一个朋友都容不下,把自己同社会隔绝开。镜子很平,但在高倍放大镜下,就成凹凸不平的山峦;肉眼看似很干净的东西,拿到显微镜下,满目都是细菌。试想,如果我们"戴"着放大镜、显微镜生活,恐怕连饭都不敢吃了。再用放大镜去看别人的毛病,恐怕那家伙罪不可赦、无可救药了。

　　美国的乔布斯和沃兹是"苹果 Ⅱ"微电脑的开发者,他们的一个重要的合作者是马克库拉。其实,最初光顾乔布斯和沃兹两位年轻人的并不是马克库拉,而是乔布斯的老板介绍来的一个名叫唐·瓦尔丁的人。

当唐·瓦尔丁来到乔布斯的家中，看见乔布斯穿着牛仔裤，散着鞋带，留着披肩长发，蓄着大胡子，不管怎样看都不像是一位企业家。于是，唐·瓦尔丁就把这两位奇怪的年轻人介绍给了另一位风险投资家马克库拉先生。

马克库拉原来是英特尔公司的市场部经理，对微电脑十分精通。他并没有被乔布斯和沃兹的样子"吓坏"，而是先考察了乔布斯和沃滋的"苹果Ⅱ"样机。最后，马克库拉问起了关于"苹果Ⅱ"电脑的商业计划，而乔布斯和沃兹只精通于技术，对商业买卖一窍不通，所以二人面对马克库拉的提问，一下子面面相觑，说不出话来。但马克库拉并没有因此失望，而是决定和这两位年轻人合作，并出任董事长。

唐·瓦尔丁，就因为对乔布斯和沃兹的外表形象过于求全责备，而丧失了一个有可能是他一生中最重要的成功机会。而马克库拉却与他相反，没有对乔布斯和沃兹求全责备，而是与他们进行了深度的接触了解，所以他成功了，他抓住了人生中重要的机会。

俗话说："一样的米，养百样的人。"你周围和你发生联系的人在性格、爱好、学识、生活习惯、思维方式以及家庭环境等各个方面都不尽相同，要和不同的人保持正常的交往就不能总用一个标准去衡量人。但是，人们总是习惯于把自己置于关键的地方，端着高标准的大尺子横着量、竖着测，并以此挑剔交往对象。这样不仅对他人形成片面认识，还容易忽视自身的缺陷。

李新和石旭大学毕业后，应聘到同一家公司，由于两人年龄相近，说话又很投机，很快就成了一对好朋友。两人无话不谈，亲如兄弟，很是令旁人羡慕。可随着时间的流逝，李新却发现自己越来越受不了石旭了：李新有时会看一些言情、武侠之类的小说，石旭就说那是低俗读物，应该多看一些高尚的书籍；李新希望星期天看看足球联赛，石旭却偏要拉他去钓鱼，说是可以修身养性……两人之间的友谊渐渐出现了裂痕。不久之后发生的一件事，终于让两人成了陌路人。那天李新陪几个同事上街去买书，回来的时候车上特别挤，李新糊里糊涂地忘记买票，就被挤下来了。李新也没太当回事，就和同事开玩笑说："得，咱也逃了回票！省两元钱买根冰棍吃。"就是这么一件小事，却传到了石旭耳朵里，他觉得李新的品德出了问题，就找到李新，冷嘲热讽了一顿，最后还说："我可真有福，认识了你这么一个'光荣'的朋友！我都替你觉得丢人！"听完了这番话，李新再也忍不住了，他跳起来一边收拾自己的东西，一边骂道："我告诉你，我也不稀罕和你交朋友，自以为了不起，看别人什么都不顺眼，有你这种哥们儿是我瞎了眼，我这就搬走，不敢让你丢人了，从今以后，咱们谁也不认识谁！"李新搬到了其他同事那里，怨气难消，以后再也不理石旭了。当初的一对好朋友，现今形同陌路。

其实，人人都有自尊心和好胜心。在现实生活中，对于一些非原则问题，我们为什么不显示出较高的素质让人三分，显示出宽容豁达的君子风度呢？可有的人就是不这么想，对一些小小的鸡毛蒜皮之事争得不亦乐乎，非得说到点子上，谁都不肯甘拜下风，说着就较起真来，以至于非得决一雌雄才算罢休，结果是大打出手，或是闹得不欢而散，导致朋友、同事结怨，甚至反目成仇。

人非圣贤，孰能无过。与人相处就要互相谅解，经常以"难得糊涂"自勉，求大同、存小异，有肚量、能容人，你就会有许多朋友，且左右逢源、诸事遂愿；相反，斤斤计较、认死理、过分挑剔、容不得人，人家也会躲你远远的，最后，你只能关起门来"称孤道寡"，成为使人避之唯恐不及的异己之徒。古今中外，凡是能成大事的人都具有一种优秀的品质，就是能容人所不能容，忍人所不能忍，善于求大同、存小异，团结大多数人。他们极有胸怀，豁达而不拘小节，大处着眼而不会目光短浅，从不斤斤计较，纠缠于非原则的琐事，所以他们才能成大事、立大业，使自己成为不平凡的伟人。

一个人生活在人世间，就避免不了磕磕碰碰，对于一些非原则性问题，给对方一个台阶，满足一下对方的自尊心和好胜心，不但朋友、同事之间的友情得到加深，而且还显示出你的胸襟之坦荡、修养之深厚。而这正是交友素质高低的一个体现。

第二篇
正确地争
能给人以朝气、激情和力量

　　"争"之前，需要韬光养晦，需要正确地判断形势，但是一旦你认为什么事情是必须要做的，就要义无反顾地投入其中。成功是干出来的，一味患得患失、拈轻怕重，就会失去成长的机会。年轻人应当勇于摒弃自己的那种僵化静态的观念，要真正认识到，确保自己的分内利益，是每个人都应承担的责任，它不但有利于自己的生存和发展，而且间接地支持了竞争和发展的社会法则。

第 8 章　为进步而争，是争先

如果一个人做事的目的，只是为了满足基本的生活需要，整日抱着做一天和尚撞一天钟的心态，那么他的意志力会逐渐消磨，能力也会逐渐退化。结果是永远都处于职场的最底层，永远都是小人物，决不会有什么大的发展。所以你需要确实地、精细地、明确地树立起目标，在能够为自己带来长远发展的地方，为进步而争，在竞争中进步。

确立方向，目标太多等于没有目标

许多人怀着羡慕、嫉妒的心情看待那些取得成功的人，总认为他们取得成功的原因是有外力相助，于是感叹自己的运气不好。殊不知成功者取得成功的原因之一，就是由于确立了明确的目标。

哈佛大学有一个非常著名的关于目标对人生影响的跟踪调查，对象是一群智力、学历、环境等条件差不多的青年人，调查结果发现：27%的人没有目标；60%的人目标模糊；10%的人有清晰但比较短期的目标；3%的人有清晰且长期的目标。

25 年的跟踪研究结果显示，他们的生活状况及分布现象十分有意思。那些占3%有清晰且长期目标者，25 年来几乎都不曾更改过自己的人生目标。25 年来他们都朝着同一个方向不懈地努力，25 年后，他们几乎都成了社会各界的顶尖成功人士，他们中不乏白手创业者、行业领袖、社会精英。

那些占 10%有清晰的短期目标者，大都生活在社会的中上层。他们的共同特点是，那些短期目标不断被达到，生活状态稳步上升，成为各行各业的不可缺的专业人士。如医生、律师、工程师、高级主管，等等。

其中占 60%的模糊目标者，几乎都生活在社会的中下层，他们能安稳地生活与工作，但都没有什么特别的成绩。

剩下的 27%是那些 25 年来都没有目标的人群，他们几乎都生活在社会的最底层。他们的生活都过得不如意，常常失业，靠社会救济，并且常常都在抱怨他人、抱怨社会、抱怨世界。

目标对于年轻人来说是至关重要的，可以说，有什么样的目标，就会有什么样的人生。但每一条路都只能走向一个既定的目标。一个人，不可能同时向南又向北。路只能一步一步地走，目标只能一个一个地实现。你如果什么都想要，最终只会什么也得不到。托尔斯泰说："人生目标是指路明灯。没有人生目标，就没有坚定的方向；而没有方向，就没有生活。"在人生的竞赛场上，无论一个多么优秀、素质多么好的人，如果没有确立一个鲜明的人生目标，也很难取得事业上的成功。许多人并不乏信心、能力、智力，只是没有确立目标或没有选准目标，所以没有走上成功的道路。这道理很简单，正如一位百发百中的神射击手，如果他漫无目标地乱射，也不会在比赛中获胜。

狮子追赶猎物时，会盯紧前面的目标穷追不舍，即使身边出现其他猎物，距离更近，它也不会改换目标。难道狮子的视野不开阔吗？难道狮子傻吗？不是的，狮子追赶猎物，不仅是速度的较量，也是体能的较量，只要盯紧前面的目标，当猎物跑累了，很可能成为狮子的美餐。如果狮子改换追击目标，新猎物体能充沛，跑得更快、更持久，捕获的可能性更小。如果狮子不断更换目标，累死了也不会有收获。

干事业也是如此，人的精力毕竟有限，会做的事很多，能办成的却很少。如果精力分散，到头来只会两手空空。

清晰的目标能协助我们走向正确的方向，不至于走许多冤枉路，就好像赛跑选手一样，他们都是朝着终点进发，目标就是第一个冲线。更重要的是确定目标能使我们集中意志力，并清楚地知道要怎样做才可获得要追求的成果。因为必须设定了有什么样的收获，才能心无旁骛、专心致志地去实现目标。

美国的一份统计显示，一个人退休以后，特别是那些独居老人，假若没有任何生活目标，每天只是刻板地吃饭和睡觉，虽然生活无忧，但他们后来的寿命一般不会超过7年。心理学家说："没有了目标，便丧失了生存的目的和方向，而潜意识地决定生存也没有什么意义。"

目标是茫茫大海上的灯塔，它能给我们指引前进的方向，让我们的心中充满了希望。在我们想要睡懒觉的时候，是它帮我们克服自己的惰性，将我们从温暖、舒适的被窝里拉出来，去做我们应该做的事情；在我们感到困难重重的时候，是它燃起我们成功的渴望，鼓起我们奋斗的勇气，坚定我们前进的步履。目标的有无，决定了我们将度过怎样的一生，是使人眷恋，还是让人厌烦；是丰富多彩，还是兴味索然。

你有目的或目标吗？你一定要树立一个目标，因为就像你无法从你从来没有去过的地方返回一样，没有目的地，你就永远无法到达。一个人没有目标，就像一艘轮船没有舵一样，只能随波逐流，无法掌握，最终搁浅在绝望、失败、消沉的海滩上。你只有确实地、精细地、明确地树立起目标，你才会认识到你体内所潜藏的巨大能力。

高尔基说过："一个人追求的目标越高，他的才能就发展得越快，对社会就越有益，我确信这是一个真理。"因此，要想获得更大的成功，获得更多的人生价值，就必须为自己树立远大的目标。只有远大的目标，才会有崇高的意义，才能激起一个人心中的渴望。

主角和龙套，志向决定命运

"志当存高远"是一句千古流传的名言，古人很重视人生志向的确立，志存高远，就会自我激励、奋发向上、有所成就；志向远大，才能克服眼前的困难和自身的弱点，去实现宏伟的志愿！

许多年前，美国有一位 16 岁的年轻小伙子，在一家著名的五金公司当一名收银员，每个月领着极微薄的薪水，但仍然心满意足地卖力工作，因为他希望能通过自己脚踏实地的工作，使自己步步高升，最终达到前途无量。他做起事来，永远抱着学习的态度，处处小心留意，想把工作做得十分完美。他希望能够获得经理的赏识，提升他为推销员。谁知他的经理对他的印象却恰好相反。

有一天，他被唤进经理室遭到了一顿训斥，经理告诉他说："老实说，你这种人根本不配做生意，但你的臂力健硕无比，我劝你还是到铁厂里当一名工人去吧！我这里用不着你了。"

这一番训斥侮辱，对于那位小店员真如平地响雷，他想不到素来自以为做得不错，竟得到这样的结果。一个年轻气盛的人，踏入社会不久，便遭受这样严重的打击，换了别人谁也受不了。他们定将气得暴跳如雷，从此做起任何事情来，都会抱着消极的态度，"劳而无功"了。侣那位青年并没有这样做，他虽被辞退，但仍有自己的理想境界。他要在被击倒的地方重新爬起来，争取更大的成绩。

"是的，经理，"他说，"你当然有权将我辞退，但你无法消磨我的意志。你说我无用，当然，这也是你的自由，但这并不减损我丝毫的能力，看着吧！迟早有一天我要开一家公司，规模比你的大 10 倍。"

他并没有吹牛，他说的句句是实话。从此，他借着这次受辱的激励努力上进。几年后，果然有了惊人的成就。也许你还不知道他是谁吧？他就是美国鼎鼎有名的玉蜀黍大王史坦雷先生。

假使没有这次的刺激，史坦雷先生当然也会努力奉公、力求上进的，但即使他能如愿以偿，结局也不过是他成了一名五金公司的推销员而已。可是他在经理的一顿训斥后惊醒，立刻摒弃了他那"心满意足"的心理，抓住了更大的目标。这才能从一个无名的小店员，一跃成为世界有名的"大王"。

卡耐基认为，立志是踏入事业大门的开始，勤奋工作是登堂入室的旅程，这旅程的尽头就有成功在等待着你。因此，立志是事业成功的前提和关键。有多大的志向，就有多大的成就。没有什么是想不到的，只有做不到。一个人有什么样的志向，很可能就有什么样的事业。

在很多年前，福建某贫穷的乡村里，住了兄弟俩。他们抵受不了穷困的环境，便决定离开家乡，到海外去谋发展。大哥好像幸运些，被人贩子卖到了富庶的旧金山，而弟弟被卖到比中国更穷困的菲律宾。

几十年后，也许是老天的安排，兄弟俩又幸运地聚在一起。今日的他们，已今非昔比了。做哥哥的，当了旧金山的侨领，拥有两间餐馆、两间洗衣店和一间杂货铺，而且子孙满堂，有些承继衣钵，有些成为杰出的工程师或电脑工程师等科技专业人才。而弟弟呢？居然成为当时享誉世界的银行家，拥有东南亚相当分量的山林、橡胶园和银行。经过几十年的努力，他们都成功了。但为什么兄弟俩在事业上的成就，却有如此大的差别呢？

兄弟聚到一块，谈谈分别以后的遭遇是难免的。哥哥说，我们中国人到白人的社会，既然没有什么特别的才干，唯有用一双手煮饭给白人吃，为他们洗衣服。总之，白人不肯做的工作，我们华人统统顶上了，生活是没有问题的，但事业却不敢奢望了。例如我的子孙，虽然读了很多的书，但不敢妄想，唯有安安分分地去担当一些中层的技术性工作来谋生。

看见弟弟这样成功，做哥哥的不免羡慕弟弟的幸运。弟弟却说，幸运是没有的。初来菲律宾的时候，我从事一些低贱的工作，但发现当地的人有些是比较懒惰的，于是便顶下他们放弃的事业，慢慢地不断收购和扩张，生意也就慢慢地做大了。

这便是海外华人真实的奋斗历史。它告诉我们：决不仅仅是环境影响了我们的人生，而是一个人的志向。有什么样的志向就有什么样的人生，志向决定了一个人的出路。

由此可见，造成人命运差异的根本原因就是：志向。如果你踏入职场的目的只是为了混口饭吃，满足基本的生活需要，整日抱着做一天和尚撞一天钟的心态，贪图安稳、不思进取，面对同事的升职加薪，更是牢骚满腹、怨天尤人，根本就没有职业理想。那么，你会碌碌无为，永远都处于职场的最底层，永远都是小人物，只能成为一个跑龙套的，决不会有什么大的发展。

拿破仑说过"不想当将军的士兵，不是好士兵"。一个人如果有野心、有目标，为了更高远的职业理想，想今后在职场中扬名，叱咤风云，职业带给他们的或许就是无数的机会，还有他们想要的成功。那么，他们也会因此在职场大戏中成为主角。

好眼光挑"好"工作，以"发展力"为第一

现代社会，一个人终生服务于某一个机构的情形并不多见，有人夸张地形容那些职场新人：第一天找工作，第二天认识部门同事，第三天收拾文件夹准备跳槽。

跳槽是我们常见的问题，应不应该跳、往哪里跳、什么时候跳，更是个问题。日本有句谚语叫做"滚石不生苔"，美国人也有类似的说法。但对这句话的解释，美日之间有很大的差异。

日本所谓的"滚石不生苔"是指，如果不在一个地方稳定下来，一直四处打转的话，就不会得到现实的收获。这里的"苔"指的是经验、资产、技巧、信用等等。

但英语中这句话的意思却完全相反，它是指一直转动的石头才不会沾附青苔。这里的"苔"指的是僵化的思想和行为模式。对于有能力、一直创新进取的人而言，保持现状就意味着发霉。

看起来，如果选择一个好工作是涉及到多方面关系的复杂问题，所以跳槽话题的关键点，不是应不应当跳的问题，而是你能不能正确评估自己能力的问题。人的一生会面临很多选择，正确的选择有助于人的成长，不正确的选择也许会成为今后发展的障碍。职业选择更是这样，选择一个有发展前途的单位，水涨船高，你的前途才更光明。既不要盲求热门职业，也不必专挑大单位。一句话，职业看适合，单位看发展，选择看眼光。

有位比较成功的私营企业家曾经讲了这样一个故事。他妹妹到澳大利亚留学时，经济条件并不很好，澳洲的中国留学生很多，大多数人都希望一边学习一边打工以减少经济压力，同时也丰富履历，方便毕业后找工作。许多人到餐馆打零工，还有些人发挥优势去教汉语等，虽然辛苦，收入也还可以。他妹妹当时也动心了，向他说了这个意思。他告诉妹妹：如果你一定要打工，就去那些跨国知名企业找机会，哪怕没有薪水，你自己节约一点过日子好了。但一定不要去端盘子、做家教，不是说那些工作低贱，而是这些工作与你未来的职业生涯没有连续性和相关性。后来他妹妹找到一家法国企业做钟点工，在商业旺季时帮忙拆信封，送信到各部门，薪水非常少。但这是一家知名企业、业内龙头。他又告诉妹妹，拆信封也要好好拆，勤快一些，同时多观察、多学习名企的工作风格和职业风范，尽可能去观察各个部门，去发现你最喜欢哪个部门的工作。不久，他妹妹由于工作积极认真，不同于其他钟点工，企业给她加薪，并改为类似于劳务工。此外，他妹妹还在另一家知名企业也做钟点工，也很受欣赏。毕业的时候，几乎所有的同学都忙着投简历、面试，他妹妹却不慌不忙，因为两家名企都已经给了offer，而且职位不错，都是她喜欢的。为什么？企业方说了，她在这里工作这么久，一直那么积极主动、职业素质很好、工作出色，而且这么久了大家也有了感情，就像老员工一样，所以，我们将按老员工给起薪。后来他妹妹选择了那家法国企业，几年后，以中国总代表的身份回到国内，开办了中国办事处。

只是选对职业不能保证你一定成功，成功的另一个关键是在你所服务的单位里是否有你足够的上升空间。在一个单位里能够步步高升，实力只是其中一个相当重要的因素，但不是唯一的因素，因此千万不要认为进入了一个自己喜欢、擅长的行业就会一帆风顺，必须充分考量你所进入的单位能给自己留下多大的空间。

香港《快报》记者曾慧燕是一个明白人。她是一个温文尔雅、秀丽端庄的姑娘，在 1984 年 5 月 10 日香港报业公会举办的"1983 年度最佳记者比赛"中，竟夺得三项"最佳记者"的金牌。之所以她能有今天的成就，还要归功于她初入报界时的正确选择。

1979 年元旦，曾慧燕移居香港。她白天上班，晚上自修英语，并开始利用工余时间写些杂感式的小文章，试着向报纸投稿。她的第一篇文章是在香港《明报》"大家谈"专栏上刊出的，这对她鼓舞很大。从此，署名曾慧燕的文章便经常见诸报端。1980 年，香港《中报》刊出招聘广告，她抱着试一下的心情将自己的简历和发表过的文章寄给《中报》。这成为她步入新闻圈的第一步。

到《中报》上班的第一天，老板给两份工作让她挑选：一是资料员，二是校对。她认为校对工作对她今后的事业会有好处，通过这项工作，可以掌握内地所不熟悉的知识。校对是香港报馆中地位最低的工作，工资也比资料员少 300 元。曾慧燕选择了校对。通过校对，积累了知识，活跃了她的思想，为她以后的成功奠定了坚实的工作基础。

如果你找工作只是为了一时的工资和待遇，这是对个人资源的一种过度开发。在别人植树的时候，你已经摘了些果子，但别高兴得太早，到了真正的收获季节，你的树上可能已经空了。

根据生涯规划专家的建议，如果想在一家公司出人头地，就必须以勤奋及不辞辛劳的态度埋头苦干至少两年。如果你能忍受一时的不如意，也许便能学到一生受用的专业技术，同时也可以熟悉那一行的运营方式。如此，你又怎么不能获得长久的"发展力"呢？

争与让的人生智慧课

权衡得失，不留恋舒服却没有发展的地方

有些人能力并不差，而且工作努力，但是很难做出一番事业。那么，这些人不能成功的真正原因是什么？是什么最终导致了他们碌碌无为的命运呢？

是那种安于现状、缺乏开拓精神的心态拖住了他们的脚步。

一个长工为地主做了十几年活了，虽然他干活很卖力气，但一年到头还是一贫如洗。地主非常同情他，想帮助他改变困境，就建议他在村口开一家磨坊，并且愿意借给他初期所需要的资金。地主以为，他一定会答应的，因为这是长工改变自己生活命运的好机会。

但长工却不这么想。在他看来，为地主干活，虽然是累了一些，但是在生活上还是很有保障的，而且也不需要每年秋天为了收债务搞得邻里不和，弄不好还要受到村民的指责。假如照地主的话到村口开一家磨坊的话，除去前面考虑的不说，光是每年那些苛捐杂税也够自己应付的。

想到这里，他就谢绝了地主的好意，仍然干着原来的活，当然也就过着一贫如洗的生活。

长期物质的匮乏，把一些人身上的激情和锐气都消磨没了，即使让他去抓一只兔子，他也不去想红烧兔肉的美味，而先考虑被咬一口的危险。其实只要人活着，就会有风险。创业挣钱，有可能遭遇不正当的竞争，也有可能赔得血本无归，但是成功一直就在这一系列的风险被我们战胜之后。而如果不动，你只能空叹岁月流逝，碌碌无为。

当人们对自己所处的环境比较满意时，则会在相对平衡中失去潜在的积极性与进取心，从而放弃努力。因此，从某种意义上来说，安于现状是发展的绊脚石，而真正的成功者，从来不会满足，他们的雄心壮志总是推动他们不断向更广阔的领域扩张。

大学毕业后，丁磊被分配到了某市电信局。电信局是个好单位，旱涝保收，待遇很不错。丁磊那两年工作平平常常，但是家乡的很多人都很羡慕他。可是，丁磊却多次问自己，难道这辈子就这样安逸下去吗？难道自己的才能就只能做这么多、承担这么多吗？经过一番深思熟虑，丁磊鼓足勇气，在1995年，从电信局辞职。他的辞职，当然遭到了家人的强烈反对。大家都不能理解：做这个工作虽然不能成为富豪，但是已经过得比较滋润了，而多少人都梦想着得到这份工作。而丁磊去意已定，一心想出去闯一闯。他以后在回忆起这段经历时，说过这样的话："这是我第一次开除自己。人的一生总会面临很多机遇，但机遇是有代价的。有没有勇气迈出第一步，往往是人生的分水岭。"

　　刚一到广州，人生地不熟，面对如织的行人和车流，面对高楼大厦，丁磊越发感到财富的重要性。最现实的是一日三餐总得花钱吧？也不可能睡在大街上成为流浪汉吧？那时，丁磊身上带的钱不多，他得省着花。朋友也曾劝他，你这样在外奔波，何苦呢？但是丁磊就是这么固执，他就是要打破"铁饭碗"，他敢于挑战自我——为了实现自己的远大目标和理想，他已经迈出了成功的重要一步。

　　他感觉创业时机还不成熟，于是先找了份工作，以适应一下外面的环境，锻炼一下自己。外面工作不太好找，他不知道去了多少公司面试过，不知道费过多少口舌，终于凭着自己的耐心和实力，在1995年5月，进入了外企Sebyse工作。

　　刚开始工作的日子是很艰难的，但是丁磊却乐观地面对着。他亲自到市场去买菜，亲自下厨，既省钱又能享受"厨艺"的乐趣，他还学会弹奏"古筝"，"苦中作乐"。

　　在Sebyse广州分公司工作一年后，丁磊的收入有所提高，日子过得安安稳稳的，但丁磊又开始不"安分"了。他感觉在这个舞台还是无法发挥自己的最大力量，他萌发了辞职和别人一起创立一家互联网公司的念头。

　　离开Sebyse也是丁磊的一个重要选择，因为他要离开的是一家收入丰厚的外企，而去的却是当时一家处于创业阶段、小得可怜的公司。丁磊勇敢地接受了挑战，他相信公司将来对国内的互联网行业一定会产生影响，一定能够承担起中国互联网发展的一份责任。他满怀热情,充满动力。当时,丁磊承担了公司几乎所有的技术任务。虽然他的技术实力还比较不错,但是他缺乏足够的商业经验,最后他发现这家公司和自己当初想象的有很大距离,他再一次放弃了这个熟悉的地方,勇敢地迈向了人生的转折——自己创业!

1997年5月,丁磊决定创办网易公司。此后,他将网易从一个十几个人的小公司发展到今天拥有近300名员工、在美国上市的知名互联网技术企业。

丁磊,当年也只是一个普通的大学生,但他放弃铁饭碗,放弃过去的安逸,敢于去承担责任,去面对挑战,最终成就了他和网易。

我们都知道一个水煮青蛙的故事,把青蛙直接放在热水锅里,它奋力一跳,死里逃生;把青蛙放在由冷逐渐变热的锅里,它却丧失了生命,原因就在于它满足于舒舒服服的眼前环境了,对未来的恶劣环境却预料不足,以致逐步丧失了抵御外界恶劣环境的能力和意志。宋朝的张耒曾说过一句话:"业无高卑志当坚,男儿有求安得闲?"意思是说:任何事业,不论高低贵贱,其实都能带来大的成功,但重要的是你意志要坚强;如果一个人有所追求,怎么会闲适和安逸呢?因此,想要有所成,就要敢于抛弃那份淡化你意志的安逸!

第9章 为荣誉而争,是争光

那些心存梦想、对成功和荣耀充满渴望的人,其言语、心态、行为多会和处于相同处境的人截然不同。即使他们每天的所得只差一点点,每一年的成就积累就会有很大的差异,这也就导致了他们人生的强大与弱小、富足与贫穷、成功与失败的强烈对比。所以我们一定要及早意识到竞争心态的重要意义,尽量将自己的生活向积极的、光明的一面引导。

追求成功,是每个人天赋之权利

没有人不渴望成功,在我们每个人的内心深处都充满了对美好生活的渴望。但是不知从何时开始我们习惯了安于现状的生活,有时甚至不敢去妄想那种美好的生活,因为理智告诉我们,最好远离这些"妄想",否则会让自己痛苦不堪。所以,在还未开始之前,我们就先被自己吓倒了。

其实,人生最大的痛苦莫过于不能坚持自己想要的东西,因此我们所要做的就是要尽自己最大的努力做自己想做的事。只要有一线希望,就不要停下来,如果真的没有路可走了,那就另辟其他的路。总之,在理想没有放弃我们之前,我们是绝对不可以放弃理想的。

美国有一家报纸曾刊登了一则园艺所以重金征求纯白金盏花的启事。这一消息在当地引起了相当大的躁动。高额的奖金让许多人趋之若鹜,但在千姿百态的自然界中,金盏花除了金色的就是棕色的。要想培植出白色的金盏花,是非常困难的一件事。所以许多人一阵热血沸腾之后，就将这则启事抛之脑后了。

一晃 20 年过去了。一天，那家园艺所意外地收到一封热情的应征信和一粒纯白金盏花的种子。当天，这件事就不胫而走，引起了相当大的轰动。

原来，寄种子的是一位年近古稀的老人，她是一个地地道道的爱花人。当她 20 年前偶然看到那则启事后，便怦然心动。她不顾家人的反对，义无反顾地干了起来。她撒下一些最普通的种子，精心侍弄。一年之后，金盏花开了，她从那些金色的、棕色的花中挑选了一朵颜色最淡的，任其自然枯萎，以取得最好的种子。第二年，她又把它种下去。然后，再从这些花中挑选出颜色更淡的花的种子栽种……日复一日、年复一年，终于，在那个 20 年后的一天，她在那片花园中看到一朵金盏花，它不是近乎白色，也并非类似白色，而是如银如雪的白。一个连专家都解决不了的问题，就这样在一个不懂遗传学的老人手中得到了结果，难道这不算是一个奇迹吗？

当年它只是一粒再普通不过的种子，也许谁的手都曾捧过。捧着那样一粒普通的种子，人们缺少的是一份对希望之花的坚持与捍卫，缺少的是一份以心为圃、以血为泉的培植与浇灌，才使它的生命错过了一次次最美丽的花期。种在心里，即使是一粒最普通的种子，只要有希望在，就能长出奇迹！

大凡成功者都是那些对自己抱有坚定信念、相信自己一定会成功的人。不管从事什么行业，或是什么职业，能做到最后、做得很成功的人，都是信念很坚定的人，因为他们始终相信自己一定能做好。做任何一件事，你获得成就的高低，都取决于你内心对它的信念，你越是相信自己能做好，那你对它的信念就越强，信念越强，你就越热爱，越热爱就越自信，那个时候，就算你面对再多的打击，都能坚强地挺过来，信念支撑着我们的全部。

有一位叫亨利的美国青年，30 岁出头还仍然一事无成，靠领救济金度日，成天除了在大街上晃悠，就是没精打采地坐在长椅上唉声叹气。

忽然有一天，他的一位好友找到他，抑制不住兴奋的心情告诉他一个振奋人心的好消息。原来，亨利的这位朋友在一份杂志上看到一篇文章中讲到拿破仑有个私生子流落到了美国,这个私生子又生了一个儿子,他认为文章中所描述的拿破仑孙子的特征就跟亨利完全一样,如个子很矮、讲一口带有法国口音的英语……"真的是这样吗?"亨利将信将疑地研读了好半天过后,终于相信自己就是拿破仑的孙子。

这以后,亨利完全改变了以前对自己的评价。以前,他觉得自己个头矮小,内心很自卑,可现在他却能接受并欣赏自己的矮小,"矮个子多好啊!想当初我爷爷就是靠这个形象指挥千军万马的呢。"每想到这,他浑身顿时陡增一股无形的力量。以前他常为自己英语讲得如此蹩脚而苦恼,觉得自己简直就是一个冥顽不化的乡巴佬,如今他则以讲带法国口音的英语而自豪,因为自己的爷爷就是法国人。每当生活中遇到困难挫折时,他的心中再没有"难"这个字,"要知道,你可是他的孙子哟!"

就凭着自己是拿破仑孙子这样一个信念,他排除了人生道路上一个又一个的艰难险阻,一步一个脚印地向前迈进、向上攀登。3年后,亨利终于成为一家大公司的董事长。后来,他专门找人去核查自己的身世,得出的结论是他与拿破仑没有任何瓜葛。听到这个消息,亨利显得十分平静,说了一句意味深长的话:"现在我是不是拿破仑的孙子已经不重要了,重要的是我懂得了一个成功的秘诀,那就是:人生有什么样的信念就会产生什么样的结果,生命往往会因为有了积极的信念而产生奇迹,坚定信心,坚守信念,生命会变得分外美丽妖娆。"

人最大的敌人就是自己,人最难战胜的敌人也往往是自己。我们经常给自己设定一些目标,然后找出种种理由不去实现。我们常常给自己许下一些诺言,然后又轻而易举地将它们否定。在需要勇气时,我们变得怯弱;在面对抉择时,我们难以定夺。人生需要的其实就是勇气,就是多往前走一步超越局限。能够战胜自己的人,才是真正的勇士;能够坚持自己信念的人,才是无往不胜的英雄。

发现自己，人生不能敷衍

一些刚刚走入社会的年轻人，他们意气风发、干劲十足，都渴望着有一个美好的未来。但是经过几年的拼搏之后，其中一些人感觉到了个人力量的渺小，于是他们失望了、退缩了，忘却了当年发财致富、出人头地的梦想，沉溺于休几天假、拿点儿奖金、偶尔和三两个好友吃顿饭的满足之中。长此以往，这些人的人生目标模糊、头脑迟钝、能力退化。

在我们每个人漫长的人生历程里，偶尔地消沉和偶然地奋发都是可以理解的，对我们的最终目标不会产生太大的影响。可一个凡事消极怠慢和一个一直都在奋发图强的人，每天的得失都不同，每一年的成就积累当然也有很大的差异，这也就导致了他们人生的强大与弱小、富足与贫穷、成功与失败的强烈对比。所以我们一定要及早意识到心态的重要意义，尽量将自己的生活向积极的、光明的一面引导。

凯斯特是一名普通的汽车修理工，生活虽然勉强过得去，但离自己的理想状态还差得很远，他希望能够换一份待遇更好的工作。有一次，他听说底特律一家汽车维修公司在招工，便决定前去试一试。他星期日下午到达底特律，面试的时间是在星期一。

吃过晚饭，他独自坐在旅馆的房间中，想了很多，把自己经历过的事情都在脑海中回忆了一遍。突然间，他感到一种莫名的烦恼：自己并不是一个智商低下的人，为什么至今依然一无所成、毫无出息呢？

他取出纸笔，写下了4位自己认识多年、薪水比自己高、工作比自己好的朋友的名字。其中两位曾是他的邻居，现在已经搬到高级住宅区去了，另外两位是他以前的老板。他扪心自问：与这4个人相比，除了工作以外，自己还有什么地方不如他们呢?是聪明才智吗?凭良心说,他们实在不比自己高明多少。经过很长时间的反思,他终于悟出了问题的症结——自己性格、情绪的缺陷。在这一方面,他不得不承认比他们差了一大截。

虽然已是凌晨3点了,但他的头脑却出奇地清醒,觉得第一次看清了自己,发现了自己过去很多时候不能控制自己情绪的缺陷,例如爱冲动、自卑、不能平等地与人交往等。

整个晚上,他都坐在那儿在自我检讨。他发现自从懂事以来,自己就是一个极不自信、妄自菲薄、不思进取、得过且过的人;他总是认为自己无法成功,也从不认为能够改变自己的性格缺陷。

于是,他痛下决心,自此而后,绝对不要再有不如别人的想法,决不再自贬身价,一定要完善自己的情绪和性格,弥补自己在这方面的不足。

第二天早晨,他满怀自信地前去面试,顺利地被录用了。在他看来,之所以能得到那份工作,与前一晚的感悟以及重新树立起的这份自信不无关系。

在走马上任的两年内,凯斯特逐渐建立起了好名声,人人都认为他是一个乐观、机智、主动、热情的人。在后来的经济不景气时,每个人的情绪都受到了考验。而此时,凯斯特已是同行业中少数可以做到生意的人之一了。公司进行重组时,分给了凯斯特可观的股份,并且加了薪水。

人活着不能浑浑噩噩,应有追求、有理想,更要有一个十分明确的目标。为达到这个目标,我们要拼搏、要努力,同时要有恒心和毅力,等一切都俱备了,那么,你也就成功了。

一个年轻人应聘到一列三等火车上当司机助理。司机是个爱发牢骚的人,经常对这位新来的助理指手画脚。转眼一个月过去,年轻人领到平生第一份薪水,心里高兴得跟什么似的,过一会儿就要拿出来数一遍。当他将钱数到第五遍时,那位司机终于忍不住说:"小伙子,你别得意!你以为这个饭碗你就算捧住了吗?告诉你,你要过两三个月才算通过试用期,前提是你不要惹什么麻烦。再熬上三年五载,假如你侥幸不被开除的话,你就可以像我一样当一个正式司机,到那时你就可以眉开眼笑地数钱玩儿了。现在，我建议你小心看好自己的饭碗，老老实实干活去！"

年轻人窘得满脸通红，他认为司机不该这样羞辱他。但司机的话却提醒了他一个问题："难道我只能以司机这个职业作为我的归宿吗？如果是这样，人生不是太平淡了吗？"他凝思半晌，心里立定了一个目标，他抬起头来，对还在唠唠叨叨的司机说："你以为我只想当一个司机吗？告诉你，我将来要做铁路公司的总经理！"

"什么？哈哈！"司机发出一阵怪笑，好不容易才停下来，喘着粗气说，"老板？我想我不得不叫你老板。你要是在我还没有退休之前当上总经理，我求求你不要开除我。"

年轻人不理会他的嘲讽，冷静地说："如果你老老实实干活，我是不会开除你的。"

"哈哈，你开除我？但是我要告诉你，笨蛋，马上给我老老实实地干活去！"

年轻人果然老老实实干活去了。但他刚才的宣言，不是为了争面子才说的赌气话。自此，他按总经理的标准严格要求自己，努力培养一个优秀总经理需要的各种素质。他的见识、他的言谈举止、他办事的态度都变得跟那些普通员工不一样了，就像一只仙鹤站在一群母鸡当中一样，以致让他的上司觉得如果不提拔他，就要受到埋没人才的指责。于是，他的职务一步步升迁。多年后，他果真成为马利安铁路公司的总经理。

一个人成功的因素有很多，而居于这些因素之首的就是积极和热忱。只要你凡事都热情地去做，拿出蕴藏于身的能力来，这股力量就可以立即改变你人生中的任何层面。你愈投入，事情就愈显得容易，一切都变得很有可能，没有什么是太麻烦或太困难的。所谓"拉紧生命的纤绳"，其意义正在于此。

荣誉如阳光，可以从根本上照亮你平凡的生活

许多人被成功拒之门外，并不是成功遥不可及，而是他们不能发现自己，他们主动放弃，认定自己不会成功。事实上，只要你每天限定自己一定要超越自我一小步，成功便会如约而至地出现在你眼前。成大事的人就是如此。要获得卓越的成就，你就应该主动追求。思想积极了，你才会摒弃懒散的习性。你必须让潜意识充满积极的想法，无论任何状况，你都要超越自我。

卡耐基曾经说："只要你向前走，不必怕什么，你就能发现自己，成功一定是你的！"一个有积极心态的人，不会只停留在已有的条件或已有的成绩上，他总是不停地开拓、不停地创造。世界是变化的，社会是发展的，我们不能被动地守着原有的东西，而应该主动地适应着这种变化，不断地创新、不断地前进。谁有这种主动创新的积极态度，谁就能不断地排除困难、不断地获得成功。

谭盾是一个喜欢拉琴的年轻人，可是他刚到美国时，却必须到街头靠拉小提琴卖艺来赚钱。非常幸运，谭盾和一位认识的黑人琴手一起，抢到了一个最能赚钱的好地盘，即一家商业银行的门口。

过了一段时间，谭盾赚到了不少卖艺的钱后，就和那位黑人琴手道别，因为他想进入大学进修，也想和琴艺高超的同学相互进行切磋。于是，谭盾将全部的时间和精力投入到了提高音乐素养和琴艺中……

10年后的一天，谭盾路过那家商业银行，发现昔日的老友——那位黑人琴手，仍在那"最赚钱的地盘"拉琴。

当那个黑人琴手看见谭盾出现的时候，很高兴地说道："兄弟啊，你现在在哪里拉琴啊？"

谭盾回答了一个很有名的音乐厅的名字，但那个黑人琴手反问道："那家音乐厅的门前也是个好地盘,也很赚钱吗?"他哪里知道,10年后的谭盾,已经是一位国际知名的音乐家,他经常应邀在著名的音乐厅中登台献艺,而不是在门口拉琴卖艺。

我们会不会像那位黑人琴手一样,死守着最赚钱的地盘不放,甚至沾沾自喜、洋洋得意呢?你的才华、潜力、前程,会因死守着"最赚钱的地盘"而白白断送掉。在激流湍急的生活中,一定要记住:停滞就是失败。

有些人对现状心满意足,一心一意想要继续维持下去。然而,"要维持现状"这种观念是在采取"守"的态度,终究只是一种被动消极的态度,没有积极向前的动力,成长便会停顿。不要满足于现在的自己,要求更好,时时努力超越自己,才能创造一个更美好的人生。

一个小男孩,他的父亲是一位马术师,他从小就必须跟着父亲东奔西跑,一个马厩接着一个马厩、一个农场接着一个农场地去训练马匹。由于经常四处奔波,男孩的求学过程并不顺利。

初中时,有次老师让全班同学写作文,题目是《长大后的志愿》。那晚他洋洋洒洒写了7张纸,描述他的伟大志愿——想拥一座属于自己的牧马场。并且他仔细画了一张200亩农场的设计图,上面标有马厩、跑道等位置,然后在这一大片农场的中央,还要建造一栋占地400平方英尺的巨宅。

他花了好多心血把作文完成,第二天交给老师。两天后他拿回来了,第一面上打了一个又红又大的F,旁边还写了一行字:下课后来见我。脑中充满幻想的他下课后带了作文去找老师:"为什么给我不及格?"

老师回答道:"你年纪轻轻,不要老做白日梦。你没钱、没家庭背景,什么都没有。盖农场可是个花钱的大工程,你要花钱买地、花钱买纯种马匹、花钱照顾它们。"他接着又说:"如果你肯重写一个比较不离谱的志愿,我会重新给你打分数。"

这男孩回家后反复思量了好几次,然后征求父亲的意见。父亲只是告诉他:"儿子,这是非常重要的决定,你必须自己拿定主意。"再三考虑几天后,他决定原稿交回，一个字都不改，他告诉老师："即使得零分，我也不愿放弃梦想。"20多年以后，这位老师带领他的30个学生来到那个曾被他指责过的男孩的农场露营一星期。离开之前，他对如今已是农场主的男孩说："说来有些惭愧。你读初中时，我曾泼过你冷水。这些年来，我也对不少学生说过相同的话。幸亏你有这个毅力坚持了自己的目标。"

成功并不是每个人都可以拥有的，那么，为什么有的人成功，而有的人却终生碌碌无为呢？这就要求我们，要做自己的事情。换句话说，要有自己的想法，按照自己的想法切实可靠地行动。现在是一个行动的社会，希望固然美好，如果不按照想法去做，就会变成失望，到头来失败的还是自己。

想想看，与其我们后来失望，还不如目前按照自己的想法行动，你想到了、你做到了，一切的一切都会变成现实，哪怕不可能的事情，有时在你的努力下，也会有奇迹出现。那些常人难以想象的事情，你做到了，你就是成功之人。

所以，只要你有目标，清醒地知道自己是谁，不受别人意识的支配，知道自己要去哪里、要做什么，并按照自己的想法去做，那些别人认为你不能实现的事情，终会在你的努力下变为现实。

从身边触手可及的地方开始寻找梦想

每个人的心中都有对未来人生的美好向往，在我们刚刚懂事的时候，父母会问我们长大了要做什么；开始读书的时候，老师会教我们要树立远大的理想，在成长的过程中，也会随着年龄的增长而不断地拥有新的梦想，可以说，梦想是推动人成长的重要动力。

但是，梦想不同于做梦，做梦是毫无目的、天马行空的，而梦想是你心中长期或偶然出现的强烈意念，而且这份意念会时时刻刻提醒你要为之采取行动、不断努力,可以说,它是目标的方向盘,是行进的指路灯。

人因有了梦想而确立自己的目标,因确立了目标而有了前进的动力,梦想是成就美丽人生的一大基石,没有梦想的人生是枯燥乏味的人生,没有梦想的人生会失去很多机会。

他生长在一个普通的农户家里。家里很穷,他很小就跟着父亲下地种田。在田间休息的时候,他望着远处出神。父亲问他想什么,他说,将来长大了,不要种田,也不要上班,每天待在家里,等人给他寄钱。

父亲听了,笑着说:"荒唐,你别做梦了!我保证不会有人给你寄。"

后来他上学了。有一天,他从课本上知道了埃及金字塔的故事,就对父亲说:"长大了我要去埃及看金字塔。"父亲生气地拍了一下他的头说:"真荒唐!你别总做梦了,我保证你去不了。"

十几年后,少年成了青年,考上了大学,毕业后做了记者,每年都出几本书。他每天坐在家里写作,出版社、报社给他往家里邮钱,他用邮来的钱到埃及旅行。他站在金字塔下,抬头仰望,想起小时候爸爸说的话,心里默默地对父亲说:"爸爸,人生没有什么能被保证!"

他,就是台湾最受欢迎的散文家林清玄。那些在他父亲看来十分荒唐、不可能实现的梦想,在十几年后都被他变成了现实。为了实现这些梦想,他十几年如一日,每天早晨4点就起床看书、写作,每天坚持写3000字,一年就是100多万字。靠坚持不懈的奋斗,他终于实现了自己的梦想。

如果轻易放弃,梦想就只能是梦想;只有坚持到底,梦想才不仅仅是梦想。只有无论如何都不放弃梦想的人,才有可能让美梦成真。许多人之所以不能实现梦想,并不是因为梦想太高,而是太容易就轻易放弃。

在很小的时候,约翰便梦想成为一位名作家。妻子对他的信心令他十分陶醉。妻子白天做秘书,晚上做裁缝来维持日常生活,而约翰则夜以继日地创作他的第一本诗集。

约翰倾尽全心全意从事写作,等到完成时感到非常的自豪。他本想向全世界描述自己内心深处的梦想、希望和欲望,却发觉这个世界对其嗤之以鼻、不屑一顾。他被退稿 12 次之后,早就完全麻痹了;等到被拒绝了 24 次,他坐在后院凉亭,重新评估人生目标的优先次序。

约翰开始想到妻子想要住在一栋红砖屋的梦想。以当时的财务状况而言,他们似乎永远达不到这个梦想。还好,后来约翰在一个广告公司内担任一个职位,他们竭尽所能节省每一分钱,不久便建筑了他们的家园。

从某种意义上说,约翰放弃了成为名作家的梦想,而迁就于另一个比较小的梦。然而,每当他亲眼看到妻子坐在门廊里缝制衣服、向邻居挥手致意时,他就觉得成为名作家未必就是个值得追求的伟大梦想。

约翰的经历告诉我们,当现实与梦想存在着巨大的距离的时候,你应当保留梦想,服从于现实。许多年轻人都常犯同样的错误,对生活提供的巨大财富,只能收获到一点点。尽管未知的财富就近在眼前,他们却得之甚少,因为他们只一心盯着梦想的气球,对身边的果子却视而不见。

务实的人都会为自己树立一个能够实现的目标。他们都知道,如果把目标定得过高,不但会使自己无法脚踏实地地工作,而且也发挥不出目标的激励作用。因为当我们付出很多努力,但仍旧无法实现目标时,我们就会变得懈怠和灰心。只有为自己树立一个能够实现的目标,才可以使自己航向明确,能脚踏实地地去追求自己想要的生活。

梦想虽然以空中楼阁为始,却是以不断追求、不断超越为过程,以化不可能为可能为终。如果你想有所成就,多花一些时间去思考自己的梦想是什么,自己最想追求的又是什么,当你明白了这一点,就可以像所有的成功者那样,为自己确立一个适合自己的目标,并且以积极有效的行动为其保驾护航,这样,最初的梦想就体现出了重大的价值和意义,你也会因此而不断提升自己、不断高飞。

争与让的人生智慧课

第10章 为大我而争,是争鸣

"过分的退让是一种愚蠢"。人生的竞争不但是正当的,而且是必需的,考验我们的是如何制定竞争的策略,把握竞争的分寸。积极地争,是让自己置身于一个可以充分展示水准的平台上,为大目标、大利益、大布局、大发展而争。

用发展的眼光看问题,不做蜗角之争

"小不忍则乱大谋",这句话在民间极为流行,甚至成为一些人用以告诫自己的座右铭。的确,这句话包含有智慧的因素,有志向、有理想的人,不会斤斤计较个人得失,更不应在小事上纠缠不清,而应有广阔的胸襟、远大的抱负。只有如此,才能成就大事,从而达到自己的目标。

一个青年向一个富翁请教成功的道理。富翁拿了3块大小不等的西瓜放在青年面前:"如果每块西瓜代表一定程度的利益,你选哪块?""当然是最大的那块!"青年毫不犹豫地回答。富翁笑了笑,说:"那好,请吧!"富翁把最大的那块西瓜递给青年,而自己吃起了最小的那块。很快富翁就吃完了,随后拿起桌上的最后一块西瓜得意地在青年眼前晃了晃,大口大口地吃了起来。

青年马上就明白了富翁的意思:富翁吃的瓜虽然不比青年的瓜大,却比青年吃得多。如果每块西瓜代表一定程度的利益,那么富翁占的利益自然比青年多。

《易经》中有这么一句话,叫"动则得咎",也就是说只要你选择做事情,就一定会有所得失。但是如果你知道每一次失去的背后都有一个更大的目标、有更多的考验,而且生命中也还有更多的事情需要你去做时,你就不会再为眼前的利益所迷惑。

然而,太多人不懂这个道理,他们常常会被眼前的利益所吸引,而忽视了其他利益。认为看得到的眼前利益才是最大、最好的,因此,不惜耗费大量的精力和时间,只为得到这些眼前利益。

在某地有一个蕨菜生产基地,向日本出口蕨菜成了那个地区唯一的经济来源。日本人要求把蕨菜放在太阳底下晒干了以后再打包运到日本去。由于放在太阳下面晒干需要两天时间,很多老百姓等不及,就把蕨菜收回家以后开始用锅烘烤。烘烤以后,表面上是干的,但是日本人发现用水泡不开了。日本人就警告这个地区的人,千万不要用锅烘烤,一定要放在太阳底下晒。大部分的老百姓遵守了这个要求,放在太阳底下晒。但是仍然有几家老百姓把蕨菜偷偷地放在锅里烘烤,日本人发现以后,便在一天之内断绝了跟这个地区人做蕨菜交易。这个地区一夜之间失去了所有的经济来源。现在,老百姓依然在贫困中挣扎,因为他们的蕨菜卖不出去了,日本人下决心绝不到这个地区收购任何蕨菜。

"鼠目寸光"的人是无法干成大事的。因为他只能看到眼前的一小点利益。只有把眼光放长远,把近期利益与长远利益相结合,把理想和现实有机结合,这样才有可能取得成功。尤其是作为一个大企业的管理者,更要具有战略性眼光,要学会放弃,有时放弃眼前的蝇头小利,会获得长远的大利,使企业得到长足的发展。

东汉时期,朝中有一个叫甄宇的人,时任太学博士。他为人忠厚、遇事谦让。一次,皇上非常高兴,就把一群外番进贡的活羊赐给了在朝的官吏,分给他们每个人一只。在分配这些羊的时候,负责分羊的官吏犯了愁:这群羊大小不一,肥瘦不均,应该怎么样分,才能使各位大臣都没有意见呢?这时,大臣们纷纷献计献策,有人说:"把羊全部杀掉吧,然后肥瘦搭配,人均一块。"也有人说:"干脆抓阄分羊,好不好全凭运气。"

正在大家为了如何分羊而七嘴八舌地争论不休时,甄宇站出来了,他说:"分只羊不是很简单吗?依我看,大家随便牵一只羊走不就可以了吗?"说着,他就把一只最瘦最小的羊牵走了。

看到甄宇的行为,其他的大臣也不好意思专牵最肥壮的羊了,于是,大家都随便牵一只羊,很快,羊都被牵光了,没有一个人因为分羊的事而有怨言。后来,这件事情被光武帝知道了,甄宇因此得了"瘦羊博士"的美誉,称颂朝野。这件事过后不久,在群臣的推举下,甄宇又被朝廷提拔为太学博士院院长。

从表面上看,甄宇牵走了小羊吃了亏,但是,他却得到了群臣的拥戴、皇上的器重。实际上,甄宇是得了大便宜。故意吃亏不是亏,而是有着深谋远虑的精明之举。

美国作家唐·多曼在《事业革命》一书中说:"把眼光放长远是踏上成功之路的一条秘诀。"没有这种品性的人,是不可能成就一番事业的,甚至连小事都做不成。成大事者是具有远见的人,因为只有把目光盯在远处,才能有大志向、大决心和大行动。

世间的任何一件事情,都有它的成功方法。如果你要成功就必须站得高、看得远,而不要只盯着眼前的一点点利益,一个人在追求自己人生理想的道路上,一定要顾全大局,不能被一些小利益所诱惑,这样我们才不会迷失方向,少走些弯路,能在最佳的时机到达最终的目标。

光明正大地争,是一种实力

生活中有很多吸引人的东西,比如成功、名位、财富等等,你喜欢它们,就要大大方方地站出来,表明自己拥有它们的资格。有许多抱有天真想法的年轻人,常常会以为"是你的就是你的","争名夺利"总显得有点儿不够文雅。其实"物竞天择,适者生存",是生物界的规律,也是我们的社会规则。争取自己的利益是合情合理的正当行为,竞争并不影响你的个人形象。

但是在现实中,有人往往想不通这个道理。他们大都是些本分、规矩的人,在工作上任劳任怨,在生活上严谨自律,堪称模范公民。他们以为有好的用心、好的行为就必然会有好的结果,也就是说,只要自己做了工作、有了成绩,群体(包括团队和领导)自然就会给予自己利益,因此没有必要跑去争取。

不争应得之利,会使不公平的行为逐渐演化为不公平的规则。世界上并无绝对的、天生的规则,一切有关人类行为的规则都是从人们的相互交往中演化出来的。也就是说,当同一种行为一而再、再而三地发生以后,它就会变成一种具有约束力的行为模式,这种行为模式再经过长期的、大范围的实行,就会成为一种新的社会规则。这个道理很好理解,比如你第一次看到黑熊捣毁蜂巢偷蜜吃,会觉得它是一个无理的掠夺者,当第二次、第三次再看到这种情况,心里的愤慨就会冲淡不少,看惯之后,你会觉得这就是大自然的规则,不必大惊小怪。

欧文和威森是大学同学,毕业后,他们同时应聘到伦敦一家小型的进出口公司工作。欧文是个外向型的人,他工作积极肯干,总是不等上司吩咐就把准备工作做在前面。同时,对于加薪、升职、带薪旅游等关系到自身利益的事,欧文也充满兴趣,他总是不断地对上司和同事们表示,自己努力工作,就应该得到那些奖励。有一次,他甚至在电梯上直接向老板询问年终长假旅游事宜,表达了自己热切的期望。威森在工作上也是一把好手。但他不习惯于为自己争取利益,虽然他的薪水长期原地"踏步",却一直不为上司注意。两年过去了,威森和欧文的差别越来越大,当欧文已成了主管的特别助理的时候,威森的待遇依然和实习生差不多。而且,每当公司业绩上升要对员工实施奖励的时候,大家都会自然而然地想道:欧文的好事又来了!

生活中总有成功人士和失败者,造成这种差别的原因很多,而是否积极保卫自己的劳动成果、随时为自己争取更好的待遇是其中重要的一项。现代社会更注意实效,只要你的业绩出众,老板其实更乐意把手中的利益作为激励员工的手

争
与
让
的
人
生
智
慧
课

段。换句话说，就是公司并不排斥爱争的人，只要跑得快，吃得多些也无妨。

看到一家中美合资公司在报纸上做的招聘广告，许珊蠢蠢欲动。这家公司赫赫有名，要得到它的青睐可不是件容易的事。

出发之前，许珊仍然没有足够的信心，因为对照招聘启事上的要求，许珊还有诸多不完美的地方。面试共4天，许珊被排在了第3天。这天，和一群等待当天面试的求职者一起，许珊紧盯着人事部那道暗红色的大门，盯着每张走出来的人的脸。他们一个个看上去都是垂头丧气的，大约是被拒绝了。问了几个求职者，他们有的告诉许珊不知道为什么就莫名其妙地被拒绝了，有的说自己被"无条件拒绝"了。

轮到许珊了。许珊轻轻敲开那道藏着玄机的门，在事先安排好的凳子上坐下，对面是人事部经理和美籍老总。年轻的人事部经理热情而细致地询问许珊的情况，让许珊心底暖暖的。当得知许珊的兴趣爱好是文学，而且有千余篇作品发表时，他有些惊讶。谈话的气氛非常轻松，许珊以为自己稳操胜券了。末了，人事部经理扭头问一边的美籍老总，是否可以当即决定。谁知道，美籍老总想都没想，便一脸严肃地说：不要！人事部经理礼貌地向许珊摆摆手，示意许珊出去。莫名其妙的许珊感到震惊，却找不到被拒绝的原因，镇定之后，许珊礼貌地询问老总不被录用的原因，美籍老总说："我拒绝别人从来是无条件的！"

听到这样的回复，许珊勃然大怒："我是慕名前来应聘的，不是来参加无聊的游戏的。您的无条件拒绝对求职者是一种伤害，给出您拒绝的理由很难吗？"起身要走，却意外地看到美籍老总站起身，露出笑容说："我们需要的是有骨气、有恒心的青年，如果被无条件拒绝仍然不吱声，那不是我们所需要的。我已经对365名求职者说了不，只有你敢于向我说'不'。对于我的面试策略，请原谅！你愿意加入我们公司吗？"许珊不失原则、勇敢无畏的骨气使她顺利地进入职场。

一位作家说过："过分退让者就是愚蠢。"这个道理是适用于仕途的。要想参与竞争并获得胜利，就得敢争敢抢、敢说敢干。不过，我们的这种争抢是按照规则进行的,争那些本应属于我们自己的东西。如果一味忍让、逆来顺受,那你就什么也得不到,主动出击才会有所获。这也应了一句话:"当仁不让,莫低头。"

做自己认为正确的事,不为外界的口舌动摇

在我们的生活中,有许多人都没有主见,只会听从别人的意见,而自己却变得像一个只会听任使唤的躯壳一样,正像下面的这个故事一样。

从前,有一个士兵当上了军官,心里甚是欢喜。每当行军时,他总喜欢走在队伍的后面。一次在行军过程中,有人取笑他说:"你们看,他哪儿像一个军官,倒像一个放羊的。"军官听后,便走在队伍的中间。这时,又有人讥讽他说:"你们看,他哪儿像个军官,简直是一个十足的胆小鬼,躲到队伍的中间去了。"军官听后,又走到了队伍的最前面。别人又挖苦他说:"你们瞧,他还没打过一个胜仗,就高傲地走在队伍的最前边,真不害臊!"军官听了,腿就不听使唤了,在别人的指手画脚下,他连路都不会走了。

人要是没了自己的主见,经不起别人的议论,那么就会一事无成。在现实生活中,你做的每一个决定、每一件事都不可能得到所有人的认可和赞同。但是不能因为这样而不去做,当然,别人的意见固然重要,可能很多还是忠言逆耳,但思想终归是自己的,对与错、可行与不可行,稍稍成熟的人都应该有判断的能力。因此对别人的看法不要过分地在乎,过分地在乎就是对自己没有信心的表现。古希腊人曾经在阿波罗德尔斐神庙的石柱上刻下"认识自己"作为神灵的谕示,就是提醒世人认清自我、审视自我,避免在别人的眼光中迷失道路。

其实,人生在世,都是为了自己心中的那个理想而活,但在实现理想的过程中,总是直线不多,曲线不少,每一步都是那么的曲曲折折、弯弯绕绕,就像鲁迅说的:"其实地上本没有路。走的人多了,便成了路。"所以,只要认准自己心中的理想,坚定自己所选择的路,不管是多么的坎坷泥泞,不管他人怎么看待,只要沿着自己认为正确的方向走,你终将会实现自己的理想,成为与众不同的人。

爱因斯坦4岁才会说话,7岁才会认字:老师给他的评语是:"反应迟钝、不合群,满脑袋不切实际的幻想。"他曾遭到退学的命运。

托尔斯泰读大学时因成绩太差而被劝退学。老师认为他"既没读书的头脑,又缺乏学习的兴趣"。

巴尔扎克若不坚定自己的作家梦,便不会有《人间喜剧》的诞生;达尔文若不坚持自己的主见,从事生物研究,便不会有《进化论》的面世……总而言之,没有自己的主见,便不能做自己的主人,更不能成就一番自己的事业。

希腊有一句名言:经常问路的人,容易迷失方向。对于想成功的人来说,如果总是被别人的看法左右自己的行动,如果让自己活在别人的目光和唾液里,如果缺乏主见,一辈子匍匐在别人的脚下,那么也许一辈子也不会成功。

一群青蛙在高塔下玩耍,其中一只青蛙建议,"我们一起爬到塔尖上去玩玩吧。"众青蛙都很赞同,于是它们便聚集在一起相伴着往塔上爬。爬着爬着,其中"聪明的青蛙"觉得不对,"我们这是干嘛呢,这又渴又劳累的,我们费劲爬它干嘛?"大家都觉得它说得不错。于是青蛙们都停下来了,只剩下一只最小的青蛙还在缓慢地坚持着。它不管众青蛙怎样在下面鼓鼓噪噪地嘲笑它傻,就是坚持不停地爬,过了很长时间,它终于爬到了塔尖。这时,众青蛙不再嘲笑它了,而是在内心里都很佩服它。等到它下来以后,大家都敬佩得不得了,就上去问它,到底是一种什么样的力量支撑着你自己爬上去了?

答案很是让它们出乎意外:原来这只小青蛙是个聋子。它当时只看到了所有的青蛙都开始行动,但当大家议论的时候它没听见,所以它以为大家都在爬,它就自个儿在那儿晃晃悠悠不停地爬,最后就成了一个奇迹——它爬上去了。

小青蛙听不见众青蛙的议论和嘲笑,也就是说,它没有被群体的意见所左右。然而,假设小青蛙不是聋子,听到众青蛙的议论,它还会冒着干渴和劳累继续往上爬吗?在众青蛙的嘲笑声里它还能一如既往地坚持自己的目标吗?

人生在世,如果太在乎别人的"眼光",就会失去自我、失去个性,而一个没有自我、没有个性的人是注定成不了大事的,更不可能知道自己的价值。但是,作为一个具有正常思维的人,谁都不会莫视他人对自己的评价,多听取他人的意见是对的,关键是你还要有自己的主见才行。人家的意见只能供你参考,但决不是你的靠山。假如你过于信任别人的话,人家说东,你就向东,人家说西,你就向西,结果你将遇到比不听取他人意见更大的危险!

纵观古今中外所有有成就的人,他们无不是坚定不移地走自己的路的,即使选择的是一条艰难的路,即使路上的艰辛与困苦没有人与他分担,即使会为此而付出沉重的代价,甚至是生命,他们也从不把外界的困难和他人异样的眼光、嘲讽、不理解放在眼里,失败了,跌倒了,爬起来,掸掸身上的泥土,继续前行。就像但丁说的,走自己的路,让别人去说吧,想要做有成就的人,就不能活在他人的目光下,坚持自己的理念,摒弃前人的观点,即使别人向你投来更多怀疑的目光也无须畏惧。相信自己,相信真理,走自己的路,不在乎外界的眼光。

耐心越强,成功的可能性越大

马克思曾经说过:"不管遇到什么障碍,我都要朝着我的目标前进。"的确,使一块石头有愿望不难,然而使这块有了愿望的石头能够梦想成真,却并非一朝一夕的简单之事。

在荷兰,有一位刚刚初中毕业的青年农民,在一个小镇找到了为镇政府看门的工作。

他太年轻,工作也太清闲,为了打发时间,他选择了又费时又费工的打磨镜片当做自己的业余爱好。就这样,他磨呀磨,日复一日、年复一年,一磨就是 60

年——专注细致,锲而不舍!

他的技术早已超过了专业技师,他磨出的复合镜片的放大倍数,比专业技师磨出的都要高。他老老实实地把手头上的每一块玻璃片磨好,可以说用尽了毕生的心血。

借助打磨好的镜片,他发现了当时科技尚未知晓的另一个广阔的世界——微生物世界,引起了全世界的轰动。从此,显微镜诞生了!

只有初中文化的他从此名声大振,还被授予了在他看来是高不可攀的巴黎科学院院士的头衔,就连英国女王也慕名到小镇去拜会他。

创造这个奇迹的小人物,就是大名鼎鼎的荷兰科学家和生物学家列文胡克。

一个人之所以成功,不是上天赐予的,而是日积月累、辛辛苦苦自我塑造的。千万不要存有什么侥幸心理,幸运和成功永远只属于辛劳的人、有耐心而不易变动的人、能坚持到底的人。冰冻三尺,非一日之寒。滴水穿石,绳锯木断,只要专注于一点,持之以恒不放弃,就能收获丰硕的成果。

人生在世,不如意的事有很多,在我们遇到困难、挫折和失意的时候,不要抱怨命运的不公,不要让自己陷入痛苦中无法自拔,要拥有等待的耐心,坚信冬天过去,春天就会来的。北京大学教授、中国语言学家季羡林老先生一生经历坎坷,但他坚信黑暗过后就是黎明,经过10年坚忍不拔的努力,翻译介绍印度文学作品及印度文学研究——《罗摩衍那》,译成汉语有9万余行,成就了我国翻译史上的空前盛事。

一位作家说过:"在任何力量与耐心的比赛中,把胜利押在耐心上。"耐心是困难的天敌,耐心越强,困难就越小,即使你再弱、再没有优势,也没有必要去恐惧。

2006年中央电视台的春节晚会上,一个身穿羊皮袄、头扎白羊肚手巾的民歌手竟与著名歌唱家吴雁泽、戴志强同台演唱,获得了成功,他就是名不见经传的阿宝。阿宝从小就喜爱唱歌,很受群众欢迎,但由于没受过什么专业训练,难以登上大的舞台。他也曾9次参加青年歌手大奖赛,总是在初赛时就被淘汰了。因为那门槛太高，他这种非专业的、没什么唱法的歌手，自然难以获胜。尽管这样，他却没有放弃，继续努力着，即使是参加一些小的剧团甚至是戏班子的演出，他也不放弃自己的努力。他顽强地坚持着、努力着，终于有了一次机会。2004年中央电视台开设的"星光大道"栏目，门槛不高，没有过多的条件，而且是观众当评委，他的演唱赢得了听众的欢迎。他当了周冠军后，又当了月冠军，而且最后又胜出成了年度的总冠军。人们这才发现他的嗓音浑然天成，那高音尤其让人惊奇，比帕瓦罗蒂高出整整8度。正因为这样，阿宝获得了"中国民歌榜首位最佳原生态歌手"的称号。如果他在多次参赛失败之后灰心丧气，放弃了努力，不再执著地坚持，大概就不可能有今天的成功。

每个人都希望在人生的旅途中成就一番自己的事业，实现自己的人生梦想。但，实现梦想和目标不仅要付出辛勤的汗水、艰辛的努力，有时还要选择长时间地等待。当然，阿宝不轻易放弃是基于自信的结果，如果你自己都不相信自己，那自然也就没有坚持的勇气。如果我们相信自己所做的努力是有益的，那么就要竭尽全力去为之实现，而且要有不达目的绝不罢休的气概。

当你选择了人生的目标而在道路上奔波，有的时候近在咫尺的目标，却需要长时间的等待才能实现。伟业的成就是建筑在枯燥和孤独的基础上的，任何小事都是如此。一定要有面对枯燥，从头到尾坚持不懈的耐力。人在做一件事情的时候有一个临界点，在这个时期是感觉非常无聊的，很多人都在这个时候放弃了，选择了其他，这样的人不会成功。只要你咬牙坚持下来，这就是你的一个高度，建立了你以后的信心，成为你日后的一个尺度，可以不断地超越自我。

争与让的人生智慧课

第11章　为公平而争,是争理

　　因为出身、背景、财富、关系的差异,我们每个人做事业的起点不尽相同,看起来这是不公平的,但是从另一方面说,"上帝只拯救能够自救的人",这就是不公平中的公平。

　　别抱怨自己卑微的起点,那不是你一生平庸的理由,也不是你没有出类拔萃的借口,把握住自己,向贫弱的过去说"不"。

贫穷并不可耻,可耻的是甘做"末等公民"

　　一个人拥有一个怎样的人生,出身很重要,背景很关键,但是起决定作用的,还是他把自己界定在什么位置上。出身于下层的贫穷家庭也不要紧,只是如果我们被生活磨光了棱角,消磨了锐气,连自己看自己也很"贫穷"、很"普通",自然也就谈不上什么长远的人生规划了。

　　其实,贫穷本身并不可怕,可怕的是贫穷的思想和听天由命的态度。翻开美国历史,大部分成功者小时候都很穷,许多发明家、科学家、企业家、政治家,都是在贫困的刺激下树立改变人生的伟大目标,努力向前、发展才干、成就伟业的。

　　本杰明·富兰克林出身贫贱,他的父亲移民到美国后,惨淡经营着染色剂生意和皂烛生意,收入微薄得连孩子的学费也难以负担。小富兰克林只上过两年学。辍学后,他帮父亲制作肥皂和蜡烛、照管店铺、打杂跑腿;父亲也曾为他物色更有前途的职业,但是在这位工匠眼里,孩子能做的无非是木匠活、泥瓦匠活、铜匠活……当他发现小富兰克林特别喜欢读书时,就把他送到印刷所里当学徒工。富兰克林从这里起步,熟练地掌握了印刷技术,开办了自己的印刷所,办报纸、从事出版业,后来又进行科学研究,进入政界,获得了财富和地位。

如果富兰克林在年轻时就灰心丧气,放弃改变命运的努力,我们就不知道谁是富兰克林了。

某些人之所以贫穷,大多数是因为他们缺乏野心。他们所追求的只是一种平常、闲适的生活,有的甚至只要温饱就行了,这就恰恰使他们一辈子成为不了富人。因为他们的目标就是吃饱穿暖而己,当他们拥有了最基本的物质生活保障时,就会不思进取,得过且过,一天天混日子了。只有不满足现状、奋发向上,才是赚钱发财的前提。不愿意过单调无意义的生活,想过更充实的生活,这种念头是引导人们奋发向上的最佳动机。当然这并不是鼓励你欲壑难填或贪得无厌,而是鼓励你为社会创造更多的价值,充分发挥自己的能力。

美国汽车大王亨利·福特年轻时,曾在一家修车厂做修车工人,有一次刚领了薪水,兴致勃勃地到一家他一直十分向往的高级餐厅吃饭。可亨利·福特在餐厅里呆坐了差不多 15 分钟,居然没有一个服务生过来招呼他。最后,餐厅中的一个服务生勉强走到桌边,问他是不是要点菜。

亨利·福特连忙点头说是,只见服务生不耐烦地将菜单粗鲁地丢到他的桌上。亨利·福特刚打开菜单,看了几行,服务生用轻蔑的语气说道:"菜单不用看得太详细,你只适合看右边的部分(意指价格),左边的部分(意指菜色),你就不必费神去看了!"

亨利·福特非常生气,恼怒之余,不由自主地便想点最贵的大餐。但转念之间,又想起口袋中那一点点可怜微薄的薪水,不得已,咬了咬牙,只点了一份汉堡。

服务生离去之后,亨利·福特并没有因为花钱受气而继续恼怒不休。他反倒冷静下来,仔细思考,为什么自己总是只能点自己吃得起的食物,而不能点自己真正想吃的大餐?从那之后,亨利·福特给自己立下志向,不管怎样,以后一定要成为社会中顶尖的人物。后来，亨利·福特一直朝着自己的梦想前进，最终由一个平凡的修车工人，逐步成为美国叱咤风云的汽车大王。

贫穷不是错误，我们所有的人原本都可能是贫穷的，差距是在后来的岁月里逐渐形成的。别抱怨自己卑微的起点，那不是你一生平庸的理由，也不是你没有出类拔萃的根据；卑微的理由可以有千万条，而杰出的原因则只需要那么一丁点儿。生命开始的地方可以千姿百态，而成功和财富开始的地方需要的只是用心耕耘。

天上从来不会掉馅饼，如果你喜欢财富，一定要调动起自己最大的热情去争取。坚持不懈、锲而不舍，即使不是每次都有所得，但一次的成功，就足以回报你数次的付出。

直到今天还没有动起来的穷人们，可以从细节着手，当你的生活每出现一次小小的改观时，给你带来的满足和喜悦，将会激发你取得更大成就的热情。这是一种滚雪球效应，更多的成就产生更多的喜悦，更多的喜悦产生更多的热情，更多的热情又产生更多的成就。有史以来，热情驱使着世界上诸多杰出的人士在各自的领域达到人类成就的高峰，而主动与热情也会为你做同样的事。

要善于争取任何一项属于自己的权利

说到"争取"这两个字，我们中国人往往羞于启齿，别说不是自己的了，就算是自己的也要礼让三分，出于礼貌，一不小心就让出去了，事后才后悔不已。中国人爱面子，当然也要给别人面子。谦让、礼让是中国的传统美德。当着众人的面，毫不客气地要自己的东西，总觉得不好意思、对不住人家。这些都没有错，但不是所有的东西都能让，有些东西一让就永远不会回来了，有些东西是你必须得到的，你不能没有它，难道这你也要让？不是你的莫强求，而是你应该得的，就要努力去争取。

《圣经》中有这样一则故事：有位先生仙逝后欲进入天堂去享受荣华富贵，于是就去排队领取进入天堂的通行证。由于他不善于竞争，后面的人来了直接插在他前面，他却保持沉默，丝毫没有任何反抗或不满，就这样等了若干年，他仍站在队的末尾，始终未得到他想得到的东西。

这个故事对我们深有启发。人世间处处充满着竞争，就社会来讲，有经济、教育、科技的竞争，有就业、入学，甚至养老的竞争。就晋升来讲也不例外，在通向金字塔顶的道路上，每一步都是竞争的足迹，对同一职位的觊觎者不止你一个。因此，当你了解到某一职位或更高职位出现空缺而自己完全有能力胜任这一职位时，保持沉默决非良策，而是要学会争取、主动出击，把自己的想法或请求告诉上级，往往能使你如愿以偿。

王明是一家金融公司职员，为人处世一向沉默无争，只要是领导交给自己去办的事情，就不假思索地答应下来。他认为，只要安分守己地工作，即使得不到升迁，也不会因为惹恼上司而被开除。也正是这一点，经理似乎从开始就对王明特别有好感，不论开大小会议都带着王明，等到王明对业务稍有熟悉，就开始让王明接手做业务。王明受到了经理的如此厚待，做事就更加勤奋，任劳任怨。

过了一段时间，公司突然决定要裁减一部分人员，王明本想着自己业绩不错，又和经理有深厚的关系，只要老老实实工作，肯定没事。但是，经理却突然直接找到王明，给了他两个选择：一种是他可以做满这个月并得到当月工资作为赔偿，但是要算公司主动辞退他，并记入档案；另一种是自己主动辞职，但没有赔偿金，最多只发给他这个月已经上班的 10 天工资算做补偿。王明几近崩溃，他竟然想不到这就是自己在公司最终的结果。他隐隐约约猜测出了经理的意图，于是就十分不甘心，终于决定为自己抗争一次。

这时，他开始把自己书柜中尘封已久的《劳动法》和公司签订的劳动合同统统拿过来，彻夜进行了仔细而深入的研究，努力找出对自己有利的政策条文，然后又把自己应该得到的利益哪怕是一丁点儿也给列出来，准备向经理索取。但是，他没有找经理，而是直接找到了总经理。

争与让的人生智慧课

在总经理办公室里,王明拿着有关文件,一改往日那种畏首畏尾的谦恭,沉静地说:"总经理,根据《劳动法》规定,用人单位应当根据劳动者在本单位的工作年限,每满一年给予劳动者本人一个月工资收入作为经济补偿。而在本单位的合同上又分明在这条之后加上了'工作年限不满一年的,按一年计算。'如此一来,如果公司要辞退我,那么我工作的前3年应该每年各有一个月的工资作为我的赔偿补偿,而后面的时间虽然未满一年,也应该按照一年计算再补偿我一个月的工资。所以公司至少应该赔偿我4个月的工资。另外,还有……"

也许是因为王明的说辞有根有据,又是直接告到总经理面前,所以经理没过多久就屈服了,同意赔偿王明4个月的工资。可是没过多久,王明就发现自己其实应该获得更多的补偿。抱着"反正也到了'走人'的时刻,你无情我也无义,该是自己的一样也不能少"的念头,王明再一次坐在了总经理的办公室里。

他平静地对总经理说:"我和公司签订的合同是到明年9月份才到期的,现在公司要辞退我,就应当提前一个月通知我。如果没有提前通知,又希望我马上就走,那么还应当再赔偿我这一个月的工资。否则,我就到有关部门为自己讨个说法。如果这个事情闹了出去,我想谁也不会料到对公司会有什么不好的后果。相信我们谁也不想看到,是吧?"

王明说完之后,静静地等着总经理的答复。但过了一段时间之后,总经理却突然大笑起来:"我本来没有打算要辞退你,只是你们经理一再说你工作能力不强,不能为公司创造任何价值。但是,看到你如此坚持自己的利益,我觉得就凭你这一点别人所没有的勇气和坚持不懈的精神,我相信你今后一定会做出很大成绩来的,所以,我决定不再辞退你。况且,你对法律还有些了解,我还真不想把事情闹大……"

在职场上,只有自己才能为自己的利益考虑,一味地屈从,势必会形成软弱可欺的样子,从而让别有用心之人有机可乘。

人云"不平则鸣",凡事忍气吞声者,不是风度,而是懦弱。遇事自己不出头,只等待别人把果子捧到你面前来,很快你就会失去自己的立足之地。

坚守做人的原则

俗话说万丈高楼平地起，罗马城也不是一天建成的。世间无论什么事都需要一个基础，一个可以帮助你落脚的地方，就连声称可以撬动地球的阿基米德也需要一个支点。这就说明，成功必须要有一个基础，当然这个基础可以是有形的，也可以是无形的。这就是做人的底线。

《后汉书·杨震传》中记载了一则"杨震四知"的故事。东汉时期，杨震奉命出任东莱太守，中途经过昌邑，昌邑县令王密是由杨震推荐上来的，这天晚上，王密怀揣10斤黄金来拜见杨震，并献上黄金以感谢他往日的提拔。杨震坚决不收，王密说："黑夜没有人知道。"杨震却说："天知、地知、你知、我知，怎么说没有人知道呢？"

这则故事不仅涉及拒收贿赂的问题。在实际生活中，有多少的小人、奸人、恶人，不都是借着"黑夜没有人知道"的掩护，干下了大大小小的罪恶勾当吗？那些在黑暗中干着不可告人勾当的人，不要以为自己在行动时别人不知晓，其实，天上、地下的神明正睁着大眼睛看着你呢！当然，对于那些干坏事肆无忌惮的人，等待他们的将是法律的制裁、冰冷的铁窗。

这也更进一步说明了，做人不能没有底线。没有了做人的底线，也就没有了衡量对与错的尺度。如果自己都不知道哪些事该做、哪些事不该做，那么，就很容易走入歧途。因为人是具有社会属性的，时时事事都要受到社会公认的法律和道德等准则的约束，不可能游离于社会之外。

俗话说："没有规矩不成方圆，"只有给自己定下心中的规矩，才能走正确的道路，不要去做蠢事、坏事，不要去做愚而诈的事，不要去做逞一己之私愤而置后果于不顾的不负责任的事等等。守住底线是做人最起码的要求。

争与让的人生智慧课

2000年12月英格兰足球超级联赛第18轮的一场比赛在埃弗顿队与西汉姆联队之间进行。比赛只剩下最后一分钟时，场上的比分仍然是1:1。

这时，埃弗顿队的守门员杰拉德在扑球时膝盖扭伤，剧痛使得他将四肢抱成一团在地上滚动，而足球恰好被传给了潜伏在禁区的西汉姆联队球员迪卡尼奥。

球场上原来的一片沸腾顿时肃静下来，所有的人都在等待。迪卡尼奥离球门只有12米左右，无须任何技术，只要一点点力量，就可以把球从容踢进对方球门。那样，西汉姆联队就将以2:1获胜，在积分榜上，他们因此可以多加两分。

埃弗顿队之前已经连败两轮，这个球一进，他们就将遭遇苦涩的"三连败"。

在几万名现场球迷——如果算上电视机前的观众，应该是数百万人的注视下，西汉姆联队的迪卡尼奥没有用脚踢球，而是将球抱在了怀中。

掌声，全场雷动的掌声，如潮水般滚动的掌声，把赞美之情献给了放弃射门的迪卡尼奥，或者说，是献给迪卡尼奥体现出来的崇高的体育精神——和平、友谊、健康、正义！

对于这场球赛，有的人可能会很不理解，迪卡尼奥怎么会放弃这么好的机会呢？实际上他的举动体现了一种理性的正义感。这种崇高的正义感正是很多人都缺少的。就像处于战争中的人们不杀老人与孩子一样，因为对付一个没有武器的毫无还手之力的人，那是军人的耻辱，是对正义的最大亵渎。

虽然每个人的生活环境不同、文化层次不同，因而所追求的目标和理想也不尽相同。但是，在内心深处，每个人都会有自己不同程度的做人原则。

然而，社会总是充满了诱惑，财富、地位、声望、名誉、权力……这一切的一切，也许是人人都期盼拥有的，但世界上却有如此多的人为权力而勾心斗角、为地位而委曲求全、为财富而不择手段，这是真实意义上的成功吗？其实，在这些病态的追求成功的过程中，失去的往往更多。

赵明是一家大公司的技术部经理，在专业领域有很大的建树，而且做事果断、有魄力，老板很器重他。一天，有一位相识的港商请他到酒吧喝酒。几杯酒下肚，港商一本正经地对他说："老弟，我想请你帮个忙。"

"帮什么忙?"赵明觉得有点儿奇怪。

港商说:"最近我准备同你们公司洽谈一个合作项目。如果你能把相关的技术资料提供给我一份,将会使我在谈判中占据主动地位。"

"什么?你让我做泄露公司机密的事?"赵明皱起了眉头。

港商压低声音说:"你帮我忙,我是不会亏待你的。如果成功了,我给你 15 万元的报酬。这事只有天知、地知、你知、我知,对你没一点儿影响。"说着,港商把 15 万元的支票塞到赵明手里。

赵明心动了,把支票收了起来。第二天,他就给港商提供了一份公司高度机密的技术资料。

在谈判中,赵明的公司一直处于被动,结果整个项目谈成后少挣了好几百万元。事后,公司查明了真相,毫不犹豫地将赵明辞退了,那 15 万元的支票自然也被追回。

社会就是一台复杂的机器,它很容易让人失去本色,容易磨光一个人的棱角,只有站直了,虽外圆还能内方,才不至于成为见利忘义的庸人。因此,我们无论在任何时候都应该坚守自己做人的底线。

别总等人拉你一把,只有自己可以拯救自己

在生活中,我们都难免会遇到各种各样的困难,很多人在遇到困难的时候,首先想到的就是求助别人,但却忘记了求助自己。

有一个人,把自己多年的积蓄以及全部财产都投资到一种小型制造业上。由于对变化无常的市场把握不当,再加上前几年原料价格不断上涨等原因,他的企业垮了。再加上妻子又从原来的单位下岗,他处于绝境之中,他对自己的失败、对自己的那些损失无法忘怀,毕竟那是他半辈子的心血和汗水。好几次,他都想跳楼自杀，一死了之。

一个偶然的机会，他在一个书摊上看到了一本名为《怎样走出失败》的旧书，这本书给他带来了希望和重新振作的勇气，他决定找到这本书的作者，希望能够在作者的帮助下重新站起来。

当他找到那本书的作者，讲完了自己的遭遇，那位作者却对他说："我已经以极大的兴趣听完了你的故事，我也很同情你的遭遇，但事实上，我无能为力，一点儿忙也帮不上。"

他的脸立刻变得苍白，低下了头，嘴里喃喃自语："这下子彻底完蛋了，一点儿指望都没有了。"

那本书的作者听了片刻，说："虽然我无能为力，但我可以让你见一个人，他能够让你东山再起。"

他立刻跳起来，抓住作者的手，说："看在老天爷的份上，请你立刻带我去见他。"

作者站起身，把他领到家里的穿衣镜面前，用手指着镜子说："这个人就是我要介绍给你的人。在这个世界上，只有这个人能够使你东山再起。除非你坐下来，彻底认识这个人，否则你只有跳楼了。因为在你对这个人没有充分认识以前，对于你自己或这个世界来说，你都将是没有任何价值的废物。"

他站在镜子面前，看着镜子里的那个满脸胡须、愁眉不展的面孔，认真地看着。看着，看着他哭了起来。

几个月之后，作者在大街上碰见了这个人，几乎认不出来了。他的脸不再是几十天没刮的样子，脚步也异常轻快，头抬得高高的，衣着焕然一新，完全是一个成功者的姿态。他对作者说："那一天我离开你家时，只是一个刚刚破产的失败者。我对着镜子找到了自信。现在我又找到了一份收入很不错的工作，妻子也重新上岗，薪水也很可观。我想用不了几年，我就会东山再起。"他还风趣地对作者说："也许再过几年，我再去找你，就会给你一份报酬，你应得的报酬。因为正是你介绍我认识了我自己，使我对人生又充满了信心。"

世界上从来就没有什么救世主,当我们遇到困难的时候,千万不要把希望寄托给别人。其实只有自己才是自己的救世主。如果一个人连自己都救不了,别人又怎么救得了你?别人能给你的顶多只有理解和支持,最终还得靠自己的努力和坚持才能获得成功。

有一则西方谚语说:"上帝只拯救能够自救的人。"成功属于愿意成功的人,成功有明确的方向和目的。不愿成功,谁拿你也没办法;自己不自救,上帝也帮不了你。

谁若不能主宰自己,谁就永远是一个奴隶。凡是天性刚强的人,必定有自强不息的力量。精诚所至,金石为开。自强不息的精神是每个人获取成功的支柱。有了自强不息的精神,就会产生信心,排除千难万险,突破人生的困厄而走向成功。

1947年,美孚石油公司董事长贝里奇到开普敦巡视。一次,在卫生间里,看到一位黑人小伙子正跪在地板上擦水渍,并且每擦一下就虔诚地叩一下头。贝里奇感到很奇怪,问他为何如此?黑人答,在感谢一位救世主。贝里奇很为自己的下属公司拥有这样的员工感到欣慰,便问他为何要感谢那位救世主?黑人说,是救世主帮他找了这份工作,让他终于有了饭吃。贝里奇笑了,说:"我曾遇到一位救世主,他使我成了美孚石油公司的董事长,你愿意见他一下吗?"黑人说:"我是个孤儿,从小靠锡克教会养大。我很想报答养育过我的人,这位救世主若使我吃饭之后还有余钱,我就愿去拜访他。"贝里奇说:"你一定知道,南非有一座很有名的山,叫大温特胡克山。据我所知,那上面住着一位救世主,能为人指点迷津,凡是能遇到他的人都会前程似锦。20年前,我去南非登上过那座山,正巧遇到他,并得到他的指点。假如你愿意去拜访,我可以向你的经理说情,准你一个月的假。"

这位年轻的黑人在30天时间里,一路披荆斩棘,风餐露宿,过草地,穿森林,历尽艰辛,终于登上了白雪覆盖的大温特胡克山。他在山顶徘徊了一天,除了自己,什么也没有遇到。黑人小伙子很失望地回来了,他遇到贝里奇后,说的第一句话是:"董事长先生,一路我处处留意。直到登上山顶,除我之外,根本没有什么救世主。"

20年后，这位黑人小伙子做了美孚石油公司开普敦分公司的总经理，他的名字叫贾姆纳。2000年，世界经济论坛大会在上海召开，他作为美孚公司的代表参加了大会。在一次记者招待会上，针对他的传奇一生，他说了这么一句话："你发现自己的那一天，就是你遇到救世主的时候。"

所以，当你遭遇困境的时候，你不妨想想这句话："这个世界没有什么救世主，除了我们自己。"

人可以低一时，但不能低一世

在我们还没有成功以前，常常会遭遇歧视、侮辱和不公平的对待，使我们既伤心又愤怒。但是，伤心也好，愤怒也好，都不能解决任何问题，唯一正确的做法是自强自立。俗话说"生气不如争气"，这是一个简单而朴素的道理。其实，无论遇到什么问题和困难，伤心、愤怒、焦躁、恐惧等都有害无益，唯一正确和有效的做法是冷静、理性地思考如何解决问题。

抱怨的结果只能使人精神更颓废，如果一个人把眼光拘泥于挫折的痛感之上，他就只能使自己更加痛苦，因此，在遭遇到困难的时候，不可专注于灾难的深重，而应当努力去寻找希望，努力去寻求可以改变现实的积极之路。大哲学家尼采说过："受苦的人，没有悲观的权利。"因为受苦的人必须要突破困境，才能不再受苦，而悲伤和哭泣只能加重伤痛，所以不但不能悲观，反而要比别人更积极。

一位黑人母亲带女儿到伯明翰买衣服。一个白人店员挡住女儿，不让她进试衣间试穿，"此试衣间只有白人才能用，你们只能去储藏室里一间专供黑人用的试衣间。"可母亲根本不理睬，她冷冰冰地对店员说："我女儿今天如果不能进这间试衣间，我宁可换一家店购衣！"女店员为留住生意，只好领她们去了一间远处的试衣间，自己站在门口望风，生怕有人看到。那情那景，女儿感触良深。

又一次，女儿在店里摸了摸帽子而受到白人店员的训斥，这次又是母亲挺身而出："请不要这样对我女儿说话。"然后，她对女儿说："康蒂，你现在把这店里的每一顶帽子都摸一下吧。"女儿快乐地按母亲的吩咐，真的把每顶帽子都摸了一遍，女店员只能站在一旁干瞪眼。

对这些歧视和不公，母亲对女儿说："记住，孩子，这一切都会改变的。这种不公正不是你的错，你的肤色和你的家庭是你不可分割的一部分，这没有什么不对。要改变自己低下的社会地位，就要做得比别人更好，你才有机会。"

从那刻起，不卑不屈成了女儿受用一生的财富。她坚信只有教育才能让自己做得比别人更好，教育不仅是她完善自身的手段，还是她捍卫自尊和超越平凡的武器！

后来，这位出生在亚拉巴马伯明翰种族隔离区的黑丫头，荣登《福布斯》杂志"2004全世界最有权势女人"的宝座，她就是曾担任过美国国务卿的赖斯。

赖斯回忆说，"母亲对我说，康蒂，你的人生目标不是从'白人专用'的店里买到汉堡包，而是，只要你想，并且奋斗，你就有可能做成任何大事。"

"世上无难事，只怕有心人。"只要肯用心，任何卑微的人都能在最平凡的工作中做出最不平凡的成绩，就可以成长为富有的人、成功的人、你羡慕和希望成为的人！面对屈辱，我们要努力把它变成好事。屈辱是一种精神上的压迫，它像一根鞭子，鞭策你鼓足勇气，奋然前行。要懂得痛定思痛，苦中吃苦。有一位智者说："无论怎样学习，都不如他在受到屈辱时学得迅速、深刻、持久。"的确，屈辱能使人学会冷静、学会思考。

在世界巨富洛克菲勒上中学时的一天下午，有一位摄影师来拍一些学生上课时的情景照。洛克菲勒那双兴奋的眼睛注视着那位弯腰取景的摄影师，希望他早点儿把自己拍进相机里。但令洛克菲勒失望的是，那个摄影师却用手指着洛克菲勒对老师说："你能让那个学生离开他的座位吗？他的穿戴实在是太寒酸了。"当时只是个弱小学生的洛克菲勒无力与老师抗争，只得默默地站起身来。在那一瞬间，洛克菲勒感到自己的脸在发热，但他并没有动怒，也没有自哀自怜，更没有埋怨自己的父母没有让自己穿得体面些,因为他知道,父母为他能受到良好的教育已经竭尽全力。看着在那位摄影师调动下的拍摄场面,洛克菲勒攥紧了拳头,向自己郑重发誓:总有一天,我会成为世界上最富有的人!让摄影师给你照相算得了什么,让世界上最著名的画家给你画像才是你的骄傲!

后来,洛克菲勒在给儿子约翰的信中回忆了这个刻骨铭心的经历:"约翰,我的儿子,我那时的誓言已经变成了现实。在我眼里,侮辱一词的意思已经转换,它不再是剥掉我尊严的利刃,而是一股强大的动力,排山倒海一般催我奋进,催我去追求一切美好的东西。如果说是那个摄影师把一个穷孩子激励成了世界上最富有的人,似乎并不过分。"

试问,有哪个成功者没有经历过挫折?有哪个成功者没有遭受过磨难?困难是不一样的,但是成功者战胜困难的心态却是一样的。

无论你的自身条件多么不好,你的身世多么不幸,只要你有积极的心态,你就能成为一个有价值的人,你就能交上好运而获得成功!成功来源于强烈的企盼,孕育于痛苦的挣扎,是追寻自我、敢于冒险、最终超越自我的一种必然。只要付诸奋斗,成功就会向你招手。

起点低,没关系,但起点低绝对不是没志气。不论何时,都要高悬理想的明灯,树立起坚强的精神支柱。当你受到屈辱时,把它吃进嘴里,狠狠地嚼碎,然后吞到肚子里消化掉,化成一股热量,向前奔跑!

第 12 章　为机会而争，是争强

那些靠某一次机遇改变了命运的人，并非仅仅是幸运而已。好机会往往都是"争"来的，你必须不断又醒目地亮出你自己的优势，让别人发现你，进而才能赏识和信任你。走向成功的人，决不是一个逍遥自在、没有任何压力的观光客，而是一个积极投入、持之以恒的参与者。

敢出头，把每个机会都当救命稻草

对于机遇、对于成功，人们总有各种各样的说法。然而，不能否认的是，有些时候，机遇在一些人面前确实是平等的。只是当机遇突然出现在面前时，有人却迟疑了、犹豫了，结果与之擦肩而过；而有的人却能主动上前，大胆追求，于是便赢得了机遇的倾心，你可以说这是偶然，但你又怎能说这不是必然的呢？千万别轻视那小小的一步，就是它，可能会改变你的一生。

那年，她受聘于一家地产公司。培训结业的那天，公司老总也来了。

进行了一番热情洋溢的讲话后，老总转身从公文包里拿出一叠文件问："有谁愿意帮我整理一下这些资料？"

其实，她是很想试一试的，但看看四周大家都是沉默的，她不禁又有些犹豫，最终没敢站出来。

老总停了停，见无人敢应答，于是笑了笑，用手指向窗外那高楼林立的开发区道："20年前这里曾是一片蛮荒地，在管委会的一次会议上，主任就曾这般问过:'在国家没有一分钱投入的情况下,有谁有勇气站出来开发那片荒地?'有一个年轻人犹豫了很久,最后终于勇敢地站了起来。经过一番努力,10年后的今天,这里变成了现在这般繁荣的景象。"

虽然老总始终没说那个年轻人是谁,但她潜意识里明白那年轻人就是老总自己。

假如错过了这次机会,自己很可能将碌碌无为地度过一生。想到这儿,她猛地站起来说:"我愿意!"

老总什么也没说,只是笑着点了点头。在以后的日子里,她发现每次上司总是给自己比别人多很多的工作,其中不乏一些重要的公司机密。

不久,她得到了提升,薪水也涨了很多。

机会不会自动找到你,你必须不断又醒目地亮出你自己的优势,让别人发现你,进而才能赏识和信任你,因此,你必须勇于尝试,一次次地去叩响机会的大门,总有一扇会为你打开。

要知道,在任何情况下,不能信心百倍地做出自己的决断都是一个悲剧。那些总是犹豫不决的人,世上没什么东西能帮助他们形成迅速决断的习惯。一个人试图面面俱到,是抓不住事物的本质的。

从不轻易放过只有一次的机会,当机会来到面前时,狠狠地把它抓住,这正是成功者的秘诀。

某著名大公司招聘职业经理人,应者云集,其中不乏高学历、多证书、有相关工作经验的人。经过初试、笔试等4轮淘汰后,只剩下6个应聘者,但公司最终只能选择一人作为经理,所以,第五轮将由老板亲自面试。

面试开始时,主考官却发现考场多出了一个人,出现了7个考生,于是就问道:"有不是来参加面试的人吗?"这时,坐在最后面的一个男子站起身说:"先生,我第一轮就被淘汰了,但我想参加一下面试。"

人们听到他这么讲,都笑了,就连站在门口为人们倒水的那个老头也忍不住笑了。主考官不以为然地问:"你连第一关都过不了,有什么必要来参加这次面试呢?"

这位男子说:"因为我拥有别人没有的财富。"大家又一次笑了,都认为这个人不是头脑有毛病,就是狂妄自大。

这个男子说:"我虽然只是本科毕业,只有中级职称。可是我却有着10年工作经验,曾在12家公司任过职……"

这时主考官马上插话说:"虽然你的学历和职称都不高,但是工作10年倒是很不错,不过你却先后跳槽12家公司,这可不是一种令人赞赏的行为。"

男子说:"先生,我没有跳槽,而是那12家公司先后倒闭了。"

在场的人第三次笑了。

主考官说:"你真是一个地地道道的失败者!"

"不,这不是我的失败,而是那些公司的失败。正是这些失败使我积累了一笔别人没有的财富。"男子认真地说。

这时,站在门口的老头走上前,给主考官倒茶。

男子继续说:"我很了解那12家公司,我曾与同事努力挽救它们,虽然不成功,但我知道导致错误与失败的每一个细节,并从中学到了许多东西,这是其他人学不到的。很多人只是追求成功,而我却有了避免错误与失败的经验。"

男子停顿了一会儿,接着说:"这10年的经历和12家失败的公司,培养、锻炼了我对人、对事、对未来的敏锐洞察力,举个小例子吧——真正的考官,不是您,而是这位倒茶的老人……"

在场的所有人都感到惊愕,目光转而注视着倒茶的老头。那老头诧异之际,很快恢复了镇静,随后笑了:"很好!你被录取了,因为我想知道——你是如何知道这一切的?"

老头的言语表明他确实是这家大公司的老板,这次轮到这位考生笑了。

大凡成功的人,都是因为抓住了机会才成功的,而这名男子在面试的第一轮便被淘汰了,按理说,他已失去了机会,但他却勇敢地紧追一步,全力为之,于是抓住了成功的机会。

犹太人曾说过:人一生中,有3种东西不能使用过多——做面包的酵母、盐、犹豫。酵母放多了面包会酸,盐放多了菜会苦,犹豫过多则会丧失许多成功的机会。因为机遇来得突然,走得迅速,可以说是稍纵即逝。因此,在瞬息万变的形势中,看准了机遇就要牢牢把握,不能有任何的犹豫、任何的迟疑。

一味回避风险就是回避成功

为什么成功只属于少数人?因为他们具备常人不具备的胆量,正所谓"富贵险中求",与风险不沾边的人,多数是与成功无缘的人。

有一位非常英勇的探险家,他一个人只身去闯荡世界,寻找属于自己的天地。一天,探险家与一名骑士结伴而行。在一座山脚下,他们看到一根石柱子,上面张贴着布告:如果你有足够的勇气,你可以趟过这条河,并一口气把一尊石像扛到这座高耸入云的山顶上,那么你便可以获得意想不到的奖赏。

骑士看到布告,显得有点儿心虚,他对探险家说:"这条河看上去又湍急又深,稍有不慎就可能葬身河底,就算我们能够游过去,如何能够背着石像上山呢?你看,这么高的山,强壮有力的人靠自己的本事背着石像还能走几步山路,但要一口气扛到山顶,这可不是肉眼凡胎之人所能做得到的,除非这尊石像只是用一个木棍就能挑得起的早产侏儒儿。现在这个样子去冒此风险,万一扛不动,岂不被人笑话?这张布告一定是一个骗人的把戏。"

爱推理的骑士于是告辞而去,而探险家却横下一条心,决定去冒这个险。他跃入河水中,湍急且深不可测的河水没能拦阻他,经过一番努力,他爬上了对岸。依照布告的提示,他找到一尊卧地石像,他扛起石像,凭着惊人的毅力一口气走到了山顶,山顶上有一个广场和一座旧城。忽然,他肩上的石像发出一声巨吼,旧城里的百姓全副武装,紧急出动,令任何一个没见过这架势的人都望风而逃,而探险家不但不逃,反而准备英勇厮杀。出人意料的是,这座城里的人们不但没有为难他,反而宣布探险家为他们的君主,接替死去的国王。

冒险是表现在人身上的一种勇气和魅力。经验告诉我们:冒险与收获常常是结伴而行的。哥伦布如不航海探验,能登上新大陆吗?达尔文不亲身探险,搜集资料,能完成巨著《进化论》吗?是的,险中有夷,危中有利,要想有卓越成就,就应当敢冒险!

当别人犹豫的时候,你迅速做出决断,大胆承担起来,很可能这就是改变你命运的关键性一步。世界上许多伟大事业的成功者都属于那些敢想敢做的人,而那些所谓智力超群、才华横溢的人却因瞻前顾后、不知取舍而终无所获。我们常说,天才、运气、机会、智慧是成功的关键因素,但更多失败的人是因为有3件事没有做到位,即:缺乏敢想的勇气,缺少敢做的能力,没有敢成败的决心。

同样一件事,因为存在一定的风险,甲经过细算,认为有60%的把握,便抢占时机,先下手为强,因而取胜。乙在谋划时过于保守,认为必须有90%甚至100%的把握才下手,结果坐失良机。

任何领域的领军人物,他们之所以能够成为顶尖人物,正是由于他们勇于面对风险之事。美国传奇式人物、拳击教练达马托曾经一语道破:"英雄和懦夫都会恐惧,但英雄和懦夫对恐惧的反应却大相径庭。"

因此可以这样说,回避风险,就是回避成功。但是,敢于冒险,并不是一意孤行,而是经过缜密的思考,并制定相应的计划。人生就是把你所计划的事情付诸实施的一系列过程,没有人在未做一件事之前就知道它的结果,如果你经过了冷静的思考,认为值得去做,那么就不要犹豫,果断作出决定,有风险才有成功的机会。

在美国耶鲁大学,有一位血气方刚的年轻人,曾写了一篇论文,文中阐述了关于他在全国范围内建立一种连夜递送邮包快递系统的设想。这是一篇多么具有远大眼光和基于科学分析的冒险精神的论文!可这篇论文却得到了一个最差的点评,理由是:这个年轻人的想法太不切实际。可年轻人却不这么想,他不认为自己的设想是天方夜谭,从此他便开始寻找实现梦想的机会。

争与让的人生智慧课

等到 1969 年服完兵役后，他开始了自己的创业人生路。他先是收购一家破产企业，完成原始积累，然后凭借家族的庞大资金支持，甘冒天下之大不韪，建立了有史以来第一家航空快递公司。当时几乎所有的邮递运输业的资本家都不看好他的快递公司，因为它不仅投入资金大、利润空间少，而且社会上对邮递运输服务也抱不信任态度。正是由于这些原因的存在，使得这项新业务举步维艰，初期运营持续亏损。短短一年的时间里，就亏损了近 2000 万美元。见到这种情况，许多朋友都劝他放弃这项事业，可他还是坚持咬牙挺住。他坚信，随着科技的发展，高效的快递服务行业一定会有极其广阔的发展前景。因为，如果人们确信自己拥有价值很高而又易损的包裹能在第二天早上安全送到目的地，他们是愿意出高额快递费的。公司在刚开始时之所以会亏损，是因为参与快递的小包裹多，而大客户又少，随着公司信用度的升高，需要快递贵重物品的大客户势必会越来越多。果然不出年轻人所料，5 年后公司转入盈利。到了 1985 年，总资产已达到 51.83 亿美元。至此，弗雷德·密斯——全球最大的快递公司联邦快递创始人，以甘冒天下之大不韪的冒险精神和传奇经历，当之无愧地被人们列入了当今成就最大的企业家名单当中。

曾经有一位成功人士说过这样的话："你不能等别人为你铺好路，自己的路要自己走，即使犯错了，也只有在错了后才能创造出一条属于自己的路。"试想，一个不敢前进、不敢冒险的人怎么可能走向成功呢？所以，只有敢于冒险，才会有更多机会走向成功。

要尽力争取与上司"同舟共济"的机会

每一个做下属的人，都希望得到老板的赏识、重用和提拔。然而，使老板刮目相看的主动权并不在老板一方，而是掌握在下属自己的手里。

如果一个人只是为了报酬而工作，把自己定位于一个打工者，认为他们为老板而工作只是为了完成分内的工作，至于公司的盈亏和自己毫无关系，那么他们在工作的过程中将会产生消极的思想，丝毫没有热情可言，于是，就会觉得工作很累、很辛苦，在工作中会偷懒耍滑、会投机取巧，这些都会阻碍他们成长，阻碍他们的成功。

而成功的人士，会积极热情地去工作。他们把公司的事当成自己的事业，以主人翁的态度对工作兢兢业业，怀着感恩的心情去工作。他们知道工作的目的是提升自己、锻炼自己，在工作中看到了工作带给自己更多的隐形收入，其中不仅有物质收入，还能收获专业技能、管理知识、人脉关系等许多无形资产，而这些是他们以后更好工作的工具，所以他们对待工作很负责，他们会非常"贪婪"地吸收着工作带给他们的营养，所以他们会成功。

乔治到一家钢铁公司工作还不到一个月，就发现很多炼铁的矿石并没有得到完全充分的冶炼，一些矿石中还残留着没有被冶炼好的铁。如果这样下去的话，公司岂不是会有很大的损失？于是，他找到了负责这项工作的工人，跟他说明了这个问题，这位工人说："如果技术有了问题，工程师一定会跟我说，现在还没有哪一位工程师向我说明这个问题，说明现在没有问题。"乔治又找到了负责技术的工程师，对工程师说明了他看到的问题。工程师很自信地说，我们的技术是世界上一流的，怎么可能会有这样的问题？工程师并没有把他说的看成是一个很大的问题，还暗自认为：一个刚刚毕业的大学生，能明白多少？不会是因为想博得

争与让的人生智慧课

别人的好感而表现自己吧?

但是乔治认为这是个很大的问题,于是拿着没有冶炼好的矿石找到了公司负责技术的总工程师,他说:"先生,我认为这是一块没有冶炼好的矿石,您认为呢?"

总工程师看了一眼,说:"没错,年轻人你说得对。哪儿来的矿石?"

乔治说:"是我们公司的。"

"怎么会?我们公司的技术是一流的,怎么可能会有这样的问题?"总工程师很诧异。

"工程师也这么说,但事实确实如此。"乔治坚持道。

"看来是出问题了。怎么没有人向我反映?"总工程师有些发火了。

总工程师召集负责技术的工程师来到车间,果然发现了一些冶炼并不充分的矿石。经过检查发现,原来是监测机器的某个零件出现了问题,才导致了冶炼的不充分。

公司的总经理知道了这件事之后,不但奖励了乔治,而且还晋升乔治为负责技术监督的工程师。总经理不无感慨地说:"我们公司并不缺少工程师,但缺少的是负责任的工程师,这么多工程师就没有一个人发现问题,有人提出了问题,他们还不以为然,对于一个企业来讲,人才是重要的,但是更重要的是真正有责任感和忠诚于公司的人才。"

每一个做老板的都喜欢他的员工对自己的工作全心全意、尽职尽责、充满热情。而对于员工来说,应以对待自己事业的态度来对待工作中的每一件事,并把它当成使命来做,你就能挖掘自己特有的能力,并从中感受到自己人生的价值,在完成使命的同时,你的工作也会真正变成一项自己喜欢的事业。只有这样,才能得到老板的认可,才能获得物质和精神上的回报,才能拥有理想的社会地位,并最终实现自己的人生目标。

如果我们可以在自己尽职尽责的工作态度中,再加上那么一点儿温暖的人性化因素,则更有锦上添花的效果。

这几天，业务部主管小石发现，上司一直愁眉苦脸，一副无精打采的神态。原来很快就能处理完的公事，现在经常完不成，而且已影响了本部门的工作业绩。领导对业务部的工作表现已露出明显的不满。

小石心系大局，忧心忡忡。对上司的表现，他感到不可理解，于是，他从侧面了解了一下情况。原来，上司的妻子得重病住院。上司白天上班，晚上要守护妻子。由于休息不好，再加上老是惦记着病人，因而白天上班自然没有精神，工作效率也明显下降了。

小石了解到这些秘密后，对上司深表同情。为了让上司能腾出时间照顾爱妻，小石找机会与上司聊天交心，请求暂且将他的部分工作交给自己来干。

接手工作后，小石兢兢业业、一丝不苟，把工作做得很圆满。在小石的努力下，所在部门的业绩有了明显好转，领导也露出了满意的微笑。

后来，上司的妻子病愈出院，上司又开始安心回到了工作岗位。谈起这段经历，上司总是感激不尽，对小石说："那时多亏有你诚心帮忙，要不然的话，公司受损不说，恐怕我自个儿也被炒鱿鱼了。"领导盛赞小石，说他是一个很顾全大局的人。

上司也有上司的难处，他们也会碰到很多麻烦事，如果在关键时刻，你能够主动站出来，服从上司的安排，为上司解燃眉之急，无疑会给上司留下非常深刻的印象。这样的机会如果把握得好，对你来说是十分有利的。

风雨同舟，一路兼程，这是领导最需要的。在领导最艰难的日子里，请你伸出你的手，能够做到对公司不离不弃、患难与共，与领导携手走过一段艰难的日子。这段时间是你的感情投资期间，要知道在这世界上，感情才是最值得付出的投资。而且，感情投资在所有投资中花费最少，回报率最高。

争与让的人生智慧课

成功不怕晚，寻找一鸣惊人的机会

机遇，是人生的转折点，是事业的起跑线，但机遇不会平白无故地降临到自己头上，要想获得机遇，就要善于表现自己，把主动权掌握在自己手中。纵观世界上能成就大事的人，往往不是那些幸运的宠儿，反而是那些都没有机会的苦孩子。如富尔顿、华特耐、霍乌、法拉利，但是他们却创造了属于自己的机会，从而成就了自己。要是你只在等待机会，等待别人的提拔，等待别人的帮助，你的一生将永远无所作为。

在人才辈出、竞争日趋激烈的情况下，机会一般不会自动找到你。只有你敢于表达自己，让别人认识你，吸引对方的注意，才有可能寻找到机会。每一个职场中人都有自己的理想和目标，但人生成功的第一步是必须学会醒目地亮出自己——自己创造机会。

关强是某广告公司的一名设计师。在这之前，公司的主管设计师是曲迪，曲迪可以说是老总心目中的"重量级人物"。关强到公司后，主要负责一些比较小型的设计任务，难度比较高、比较艰巨的任务仍然由曲迪来完成。一次，当地一家规模较大的电器商场要做广告。按照惯例，这个较大的任务要由曲迪来做。由于曲迪曾经为几家小型家电商场做的广告都不是很理想，他心里也有点发怵。眼看生意就要黄了，关强临危授命接下了设计的任务，并且漂亮地完成了任务，大大地"秀"了一把自己。

这件事后，关强渐渐成了公司的主要设计师。不久，曲迪辞职走人了，主管设计师的位置也就由关强来担任了。

对于一个新人来说不该抢功，但是这并不意味着不该表现自己。相反，只有会临场"作秀"，好好地表现自己，才有可能会被上司或者是别人发现你的才能，才有可能受到重用，一匹千里马才会被发现。时刻准备着把握即将到来的机会，适时展现自己的能力，必然会为未来的发展奠定良好的基础，为自己的成功加快前进的步伐。

俗话说："美玉藏于深山，人不知其美；黄金埋于地下，人不知其贵。"一个优秀的人，如果只是闷头做事，至多给上司留下一个踏实肯干的印象。如果长此以往，即使他有旷世的才华，也渐渐会被埋没。要使自己的职业生涯不断突破，尤其是身处职场中的人们，在关键时刻恰当地张扬自己，也不失为一个引起别人注意的好方法。天上不会掉馅饼，机会是要靠自己创造的。相信自己，相信自己的能力，相信自己的才华，而且勇敢地在别人面前表现出来，你就会接近成功。

许多事物的契机，常在一瞬之间就发生意想不到的变化。能不能审时度势、捕捉时机，是胜者和败者区别的关键所在。优秀的人做事，总是勇于进取、迅速行动，尤其是在关键时刻能够挺身而出，完成了别人做不成的事，使同事、上司、老板都对他刮目相看。

有一位相貌平平的青年叫库拉，有一天早晨，他到达办公室的时候，发现一辆破毁的车身阻塞了铁路线，使得该区段的运输陷入混乱与瘫痪。而最糟的是，他的上司、该段段长司特又不在现场。

库拉不过是一个送信的小职员，面对这分外的事情该怎么办呢？按常规的办法是，立即想办法去通知司特，让他来处理；或者坐在办公室里干自己分内的事。这是既能保全职业、又不至于冒风险的做法。因为调动车辆的命令只有司特段长才能下达，他人干了，很有可能受处分或被革职。但此时货车已全部停滞，载客的特快列车也因此延误了正点开出时间，乘客们十分焦急。

事不宜迟，库拉将自己的职业与名声弃之一边。他破坏了铁路最严格的规则中的一条，果断地发出了调车的电报，并在电文下面签上了司特的名字。

当段长司特来到现场时，所有客货车辆均已疏通，所有的事情都有条不紊地进行着。他先是一惊，什么话也没有说。

事后，库拉从旁人口中得知司特对于这一意外事件的处理感到非常满意，他由衷地感谢库拉在关键时刻果敢、正确的行为。

这件事对貌不惊人甚至有点丑陋的库拉来说是一个终生的转折点。从此,他升为司特的私人秘书,24岁时就接替了司特的职务,提升为段长。

机会是可遇不可求的,有的人懂得这些,所以他们做事会认认真真,果断地把握身边的一切机会,勇敢地秀出自己,这种人或许也有过失败,但更多的是成功。然而有些人却不懂得这些,当机会来临时,他们漫不经心,以为机会会经常敲响他的房门,从而让无数个唾手可得的机会从眼皮底下悄悄溜走,这种人,常常抱怨苍天无眼、命运不济,却不去找他自身的原因。

第13章 为开拓而争，是争气

这个世界从来就不缺乏成功者的市场，缺的是发现的眼光和独辟蹊径的勇气和决心。当一个人离开熟悉的"舒服区"，走向开拓之路的时候，开始时会觉得很孤独、很艰难，但只要你的思路是对的，只要你坚持下去，你就会发现前面的路越来越宽、越来越顺。

不满足小空间，大发展需要大平台

人生道路是崎岖漫长的，一路上布满荆棘，只有拥有永不满足欲望的人才能促使自己改变现状，永不停步，不断前进，才能不畏艰难，勇往直前。人生如果没有进取心就不会有美满的生活，也不会有丰硕的果实。天下没有不劳而获之事，唯有积极进取，渡过难关，持之以恒地不断奋斗，才会有成功、出人头地的一天。

香港著名电视主持人、凤凰卫视资讯台副台长吴小莉，曾经在一次采访中讲述了自己的经历和对生活的领悟。她说：我进入电视圈的第一份工作是在台湾华视，最初的职责是一天到晚守在电话旁边等新闻线索。4年的时间，凭着执著的冲劲和热情，我从一名青涩的记者成长为华视强档新闻的主播。

当工作日趋顺利，我已完全掌握播电视新闻的技巧时，却发觉工作越来越让人乏味。每天一出门就知道今天会碰到什么人、这个人会说什么话，甚至出门前就可以写好稿子，然后把访问往里头放就成了。每天例行式地出机、赶新闻、上新闻，陀螺似旋转的生活，已经成为一种习惯，领到丰厚的薪水好像成了唯一的目的。

有一天晚上躺在床上，突然就想起上大学时，台湾资深电视新闻人李四端给我们上的第一堂课。他的开场白就很吸引人："电视记者是一份不错的工作，待遇高，也受人尊敬。以台视为例，每年的年终奖金就相当于一二十个月的月薪总和。"当时讲台下一片哗然。他的神色变得凝重，"社会上每个人都会认为你很不错。但是当每个人都来摸你的头，说你棒、说你乖，久而久之，你很容易就会满足现状，不思长进，渐渐会成为一只大肥猫。"

回忆起这段话，我心里一惊。的确，这份失去了新鲜感和挑战的工作让我开始贪图舒适、不思进取，如果不加以警觉，我一定会变成抓不住老鼠的肥猫。

于是在 1993 年，我果断地离开工作了 4 年的台湾到香港发展，成为台湾电视媒体跳槽岛外的第一人。后来很多人问我："你当时的选择很明智，这是否也是你生涯规划中的一步？"其实我并没有什么先见之明，当时站在人生的十字路口，并非没有惆怅和犹豫。

很多人都问过我是否一直像屏幕上一样总是精神饱满的，其实没有，生活与工作总有不如意和失落，但重要的是，无论遭遇什么，我总是努力保持明朗的笑容和积极上进的心态。

记得初到香港时，无论是生活还是感情都不顺利，让我很不适应。有一次我在某大楼的喷水池前等朋友，看到池里的水花不断上涌，再形成美丽的透明图案，兴致盎然。我不由得想到，为什么喷水池的水会向上走呢？为什么它总会保持一种向上的姿态？这是因为水流被激射出来，形成水柱，这种力量一直往上推，才让顶端的水花永远盛开。

其实，困难和痛苦并不可怕，重要的是拥有来自内心的支持的力量。只要心底有力量，就会保持一种向上的姿态，否则，一分钟的懈怠都可能让顶端的水花一泻千里。

改变需要勇气，那段艰难的日子历历在目，我都笑着走过来了。其实人最大的敌人就是自己，终其一生都在斗争。这么多年，我一直坚持学习，不仅是多读书本，而且每一次采访都能让我如同海绵一般吸收新鲜的东西。现在正在做的媒体经营管理工作，也需要我以更多更新的知识去应对。

我在凤凰卫视主持"小莉看世界"、"时事直通车"等栏目，兼做管理工作，工作内容每天都有变化，我的任务是把每个主题做好。我热爱新闻工作，喜欢它的挑战性和变化性。至于地位、职位，全不在个人的掌控中，能掌控的只有现在，我的目标是把当下的工作做好，包括自己的生活，这就够了。

每个人的一生都有过这样或者那样的追求，之所以追求，从某种意义上讲，是你相信自己的价值，不满足现状、不断进取、不断追求的动力也源于对现状的不满。当某一追求得以实现时，强大的进取心会牵引着我们向着新目标不断努力，它不允许我们懈怠，它让我们永不停步，每当我们达到一个高度，它就会召唤我们向更高的境界努力。

巴西著名足球明星贝利在足坛上初露锋芒时，记者问他："你哪一个球踢得最好？"他回答说："下一个！"而当他在足坛上大红大紫、成为世界著名球王、已踢进 1000 个球以后，记者又问他同样的问题时，他仍然回答："下一个！"在事业上大凡有所建树的人，都同贝利一样有着永不满足、不断进取的精神。马克思曾说过："任何时候我都不会满足，越是多读书，就越深刻地感到不满足，就越感受到自己的知识贫乏，科学是奥妙无穷的，知识是无穷尽的。"

没错，如果全世界的人都安于现状、满足于现状，社会还会发展吗？时代还会前进吗？拿破仑·希尔还告诉我们，要不安于现状，怀着一颗进取之心去创造生活、规划未来，它是一种极为难得的美德，能驱使一个人在不被吩咐应该去做什么事之前，就能主动地去做应该做的事。俗话说：知不足而上进。只有相信自己有这个能力，才能体现价值所在，但是千万不要满足于这种现状，要积极进取、奋发图强、力争上游。

积极尝试你以为不可能完成的任务

洛克菲勒说："自信能给你勇气，使你敢于向任何困难挑战；自信也能使你急中生智，化险为夷；自信更能使你赢得别人的信任，从而帮助你成功。"自信是对自我能力和自我价值的一种肯定。在影响自我的诸多要素中，自信是首要因素。有自信，才会有成功。

的确，一个人应该相信自己。自信是一种信念，更是一种力量。这种力量给人一种勇气，给人以坚强。许多人踏上了成功之路，而自信则是成功的基石。充分的自信和坚忍不拔的意志使许多人唱响了成功之歌。

一位原籍上海的中国留学生刚到澳大利亚的时候，为了寻找一份能够糊口的工作，他骑着一辆旧自行车沿着环澳公路行进了数日，替人放羊、割草、收庄稼、洗碗……只要给一口饭吃，他就会暂且停下疲惫的脚步。

一天，在唐人街一家餐馆打工的他，看见报纸上刊出了澳洲电讯公司的招聘启事。留学生担心自己英语不地道、专业不对口，就选择了线路监控员的职位去应聘。过五关斩六将，眼看他就要得到那年薪 3.5 万元的职位了，不想招聘主管却出人意料地问他："你有车吗？你会开车吗？我们这份工作时常外出，没有车寸步难行。"

澳大利亚公民普遍拥有私家车，无车者寥若星辰，可这位留学生初来乍到，还属于无车族。为了争取这个极具诱惑力的工作，他不假思索地回答："有！会！"

"4 天后，开着你的车来上班。"主管说。

4 天之内要买车、学车谈何容易，但为了生存，留学生豁出去了。他在华人朋友那里借了 500 澳元，从旧车市场买了一辆外表丑陋的"甲壳虫"。第一天，他跟华人朋友学简单的驾驶技术；第二天在朋友屋后的那块大草坪上模拟练习；第三天歪歪斜斜地开着车上了公路 第四天他居然驾车去公司报了到。时至今日,他已是"澳洲电讯"的业务主管了。

一个人只要相信自己是什么,就会成为什么;一个人心里只要这样想,就会成为这样的人。每个人心里都有一幅"蓝图"或是自画像,有人称它为运作结果。如果你想象的是做最好的你,那么你就会在你内心的"荧光屏"上看到一个踌躇满志、不断进取的自我。正如美国哲学家爱默生说:"人的一生正如他一天中所设想的那样,你怎样想象、怎样期待,就有怎样的人生。"只要相信自己,就会感到生命有活力、生活有盼头,觉得太阳每天都是新的,从而保持奋发向上的积极态度。

人有了信心,就会产生意志。人与人之间、弱者与强者之间、成功与失败者之间最大的差异就在于意志的差异。人一旦有了意志的力量,就能战胜自身的各种弱点。

魔术师刘谦亮相春晚之后,迅速在全国红了起来,成了家喻户晓的明星。在西安,有一个20多岁的小女子突发奇想,想要与刘谦合作,让他写一本书,由自己来编辑出版。可是已经成为公众人物的刘谦一定很忙,哪有时间去理睬一个无名的小女子,并且他会有时间写书吗?

但是这个小女子却很自信。她不断地通过各种社会关系寻找刘谦,娱乐界的朋友、大报的记者、电视台的编导,甚至是朋友的朋友的朋友,甚至还有刘谦的忠实粉丝,她都拐弯抹角地联系到,什么样的线索都不放弃。

几经周折,她终于有机会见到了刘谦的经纪人。做了简单的自我介绍,凭着她的三寸不烂之舌,竟然说服了经纪人,她真的被经纪人带到了北京,刘谦在录节目,小女子在录制现场外面一等就是8个小时。当刘谦录完了节目走出来,他早已从经纪人那里知道,眼前这个小女子不远万里,从西安追到上海,又从上海追到北京,只是为了给他出本书,而且今天又在外面站了整整8个小时,刘谦非常感动。她向刘谦说明了来意,刘谦很爽快地答应与她合作,这个小女子就是夏果果。

可见,一切胜利皆始于个人求胜的意志和信心。一个人只要有自信,那么他就能成为他希望成为的那种人。在日常生活中,强者不一定是胜利者,但是,胜利者都属于有信心的人。一个人要永远保持成功的自信!在每做一件事前告诉自己:这一次一定会成功!信心将随着你每一次目标的实现而增长。随着信心的增长,你会把目标设置得更高,并通过艰苦的努力获得更大的成功。

假如你有自信,你就会获得比你的梦想多得多的成功。让别人信任我们和自己相信自己同样重要。但要想让别人信任我们,我们首先要相信自己,时刻保持一种自信,相信自己一定能够成功。正如李白的诗句所说的那样:"仰天大笑出门去,我辈岂是蓬蒿人。"有这样的自信,就会给自己创造好命运。

人生最大的挑战就是挑战自己,这是因为其他的敌人都容易战胜,唯独自己是最难战胜的。有位作家说得好:"自己把自己说服了,是一种理智的胜利;自己被自己感动了,是一种心灵的升华;自己把自己征服了,是一种人生的成熟。大凡说感动了、征服了自己的人,就有力量征服一切挫折、痛苦和不幸。"

有本事的人,决不和人挤独木桥

有些人思想狭隘,做任何事情都喜欢多吃多占,拼了命也要打压对手。其实世界之大,路是走不尽的,钱也是赚不完的。与其和对手打内耗战,不如独树一帜,强化自己的优点。只要定位得当,自可达到不战而胜的目的。

众所周知,美国钢铁公司是 1901 年由 3 家钢铁企业合并而成的巨型企业。50 年代,该公司是世界上最大的钢铁公司。到了 60 年代,日本钢铁公司占了上风,夺走了美国钢铁公司在世界钢铁界的魁首地位,美国钢铁公司屈居第二位。

大卫·罗德里克出任美国钢铁公司董事长后,为了使公司从困境中摆脱出来,他采取了一系列的策略:首先缩小公司的规模,然后再谋求新的发展。从 1980 年开始,罗德里克总共关闭了 150 座工厂,减少了 30% 的炼钢生产能力,淘汰了

54%的职员,裁减了10名万工人。与此同时,他出售了公司的大片林地、水泥厂、煤矿和建筑材料供应厂等资产,获得了将近20亿美元的活动资金。随后,罗德里克与公司有关人员一起,对美国厂家大企业进行研究,最后以50亿美元的价格收购了一家石油公司。虽然石油公司与钢铁公司的性质完全不同,然而,罗德里克此举的目的,一是想扩大公司的业务范围,二是为公司拓展新的发展道路,以防不测。果然,当西方钢铁业最不景气的风暴袭击美国时,美国钢铁公司不仅没有受到钢铁企业纷纷破产倒闭浪潮的波及,而且,由于公司开辟了石油业务,在面临困难环境的大背景下,公司还得到了发展。1985年一季度的营业额达45亿美元,仅石油及天然气的营业额就有25亿美元,从中获利3亿美元。美国钢铁公司又开始重振当年的雄风。

僧多粥少,独木桥只能承受那么多的人,为何还要和别人一样去争得头破血流呢?你拼尽了最后的力气也只能够得到那么一点点,甚至一无所获。道理很简单,一块蛋糕就那么大,一个人吃当然感觉很多,10个人分就感觉很少了。这个世界上缺的不是市场,缺的是发现的眼光,缺的是避开竞争锋芒、独辟蹊径的勇气和决心。也许刚开始的时候,你会觉得很孤独、很艰难,但只要你的思路是对的,只要你坚持下去,你就会发现前面的路越来越宽、越来越顺。

所以,我们要学会独辟蹊径,要敢于创新。创新是可贵的,创新是一个民族进步的灵魂。创新是生存发展之道,不创新就要落后,一落后就要挨打。当然,创新也是需要智慧和勇气的,好的传统我们当然要坚守,遗留的弊病要有勇气抛弃。

在美国,有许多高速公路都从荒无人烟的沙漠中穿过。如果发生汽车抛锚、油被耗尽等状况,司机只能在沙漠中苦苦等待其他车辆经过,载自己一程。目睹这种状况,一个叫格林的人在一条高速公路旁投资修建了一家小型加油站,提供加油、修车等服务。由于沿途只有这一家,格林的生意自然十分兴隆。

邻居汉克见状非常眼红,他跃跃欲试,准备在格林的加油站旁再开一家,希望也能大赚一笔。可是他父亲却极力劝阻,并建议他改开一家小旅馆,也许更能获利。父亲解释说:"格林的加油站已经能满足过往车辆的需要了。你如果模仿他再开一个，无疑会展开恶性竞争。而开家小旅馆，则是和他互利，并会开发出另一个新市场、新天地。"

汉克听后，觉得父亲说得有道理，便在加油站旁开了一家小旅馆。于是，在这条沙漠中的高速公路旁，司机们可以去格林的加油站为车加油，同时，也能到汉克的小旅馆吃饭、洗澡，甚至住上一晚，十分方便。格林和汉克的生意越做越兴隆，两人的关系也越来越亲密。

在漫长的人生路上，多数人就像在磨道里拉磨一样，永无休止地在这个环形道上走着，走完一圈再走下一圈，无休止地重复、无休止地走动，直到生命的最后一刻。也有一些聪明人，他们不甘于在这种环形路上重复走下去，他们另外开辟了一条路子。他们走出了圈外，于是他们看到了大千世界中更多的别人没看到的事物，得到了别人没有得到的东西。相比之下，他们的见识超过了常人，他们的财富超过了常人，他们便成了成功者。这就是再找一条路子的好处。

当某个人在新开辟的路上走向成功之后，人们便认为这是一条成功之路。所以很多人都挤向这条路，由于人多的缘故，此路便形成堵塞现象。这时候，聪明人总是能够再找一条路子，由于这条路是新开辟的，多数人还不认识这条路，所以畅通无阻，因此聪明人又先一步到达了成功的终点。等多数人再到达期望的终点时，成功的果实已被摘走。

因此有人说："凡事第一个去做的人是天才，第二个去做的人是庸才，第三个去做的人是蠢材。"但是，我们偏偏看到的是：有的人即使编号第一千万人，即使挤破头也改不了一窝蜂的本性。其实，想成功就应该出奇制胜，用自己独到的眼光去发现别人未做过的事业，这才是成功的快捷方式。

果断离开靠吃老本才能维系的地方

古罗马的皇帝和哲学家说:"一个人的价值永远超不出他的雄心。"所以,野心不是贬义词,它是人们对成功的欲望和渴求,没有野心我们就会目光短浅,就会安于现状、缺乏开拓。有两句很好的广告词:"没有做不到,只有想不到"、"思想有多远,我们就能走多远"。

松下电器王国不是凭运气缔造的。作为这个王国的决策者,松下幸之助有许多过人之处。在松下幸之助辉煌的一生中,最具决定性的日子是 1917 年 5 月 15 日。这一天,他作出了一个令人震惊的决定——辞掉了令人尊敬的检查员的工作。

他 15 岁进入电灯公司时,该公司还没有像他这样年轻的检查员。

其实,松下幸之助从见习生涯开始,就有了创业的野心。

松下幸之助认定电气是个极具发展前景的行业,因而在技术上更加精益求精,并且立下了"要以此发迹"的野心。

那时的电气工都以入学求知为新潮,他也下决心读夜校,经过一年的努力拿到了预科文凭。接着,他又进入了电机科攻读。

松下幸之助在学习过程中感到极为困难,因为,他只接受过 4 年正规的小学教育。他想知难而退。

这时,他的父亲松下正楠安慰他:'只要做成大生意,你就可以雇用许许多多有学问的人为你服务,因此,不要在乎你有多少知识。"

后来,松下幸之助确实做到了这一点。

他由一个卑微的学徒,一步一步建立了松下电器王国,成为闻名遐迩的企业家。

松下的成功源于一个主要因素,那就是他有强烈的野心。他的野心就是要建立日本最大的电器生产公司,做行业的老大,并且以此为毕生追求的目标,努力进取,积极实现目标。

俗话说:如果你把箭对准月亮,那么你可以射中老鹰;如果你把箭对准老鹰,你就只能射中兔子了。是的,生活需要一些渴望,需要不断展现自己。没有渴望就没有全新的体验,犹如一潭死水,激不起半点涟漪。尽管一生富贵,未必就是一种幸运,但一生平淡无疑会是一种遗憾。

有这样一个年轻人,幼年时患了一场大病,命虽保住了,但下肢却瘫痪了。他的父亲是邮局干部,他父亲在他中学毕业后设法在邮局给他安排了一份可以坐着不动的工作,工资及各种福利待遇都与常人无别。在这个岗位上,他干了3年。按说,一个重残的人,能有一份这样安稳有保障的工作,应该感到十分满足了。他的许多身体健康的同学,都还在为谋一份职业而四处奔波呢。但他却辞职了,因为他在人们的眼中不但看到了同情,更看到了怜悯,还有不屑。他的自尊心在这种目光中一次次被刺伤,所以即使是父亲的耳光和母亲的哭求都没能阻止他。

辞职后他先是开了一间小书店,但不到半年便因城市改造房屋拆迁而关门。之后,他又与人合办了一家小印刷厂,也仅仅维持了一年多,便因合伙人背信弃义而倒闭。两次经商都没成功,而且还债台高筑,这时他的父母和朋友们又来劝他说:"你一个残疾人,就别折腾了,多少好手好脚的人都碰得头破血流呢,何况你!"父亲劝他趁自己还在领导岗位上,让他还是老老实实回邮局上班算了。但他还是没有回头,而是又选择了开饭店。这次他吸取前两次的教训,一年下来,小饭店竟赢利两万多元,于是他又开了两家连锁店。10年之后,他的连锁饭店不但在他居住的城市生根开花,而且还不断在周边的大小城市一间间开张。他自然也就成了事业成功的老板,并且娶了漂亮能干的姑娘。当有人问他成功的经验时,他说了很多,但他说的最多的,就是千万不要同情自己。别人同情你不要紧,若自己同情自己,就会成为懦夫,就没有勇气去奋斗,一辈子就只能在别人的同情中生活了。

人没有野心终不能成大事。"野心"本身并没有错或对,错或对的标准只在于你所追求的目标是什么,只要你所追求的东西是正常的,那拥有一份强烈的"野心"对自己就是一件好事。美国加利福尼亚大学的心理学家迪安·斯曼特研究发现,"野心"是人类行为的推动力,人类通过拥有"野心",可以实现自己的理想。

"野心"是一股强大的推动力,它促使我们奋发前进。它开发了我们的能力,并唤醒了我们的潜能,我们会感到有一种全新的力量在血液里回转激荡,有一种蓬勃的激情在周身汹涌澎湃。拥有"野心"就会使我们更加自信,战胜所有的懦弱和自卑,并竭尽全力地完善自我,抱着破釜沉舟、永不回头的决心,载着永不服输、不屈不挠的精神,寻找一切机会发展自己的事业,而也只有全身心投入的人才能获得成功。

与其抱怨,不如从改变自我开始

在工作与生活中,我们经常会遇到许多羁绊和束缚,对于它们,我们毫无办法。殊不知,囚禁我们的不是别人,而是自己,是我们不健康的心态和偏激的态度。当我们的生活不如意、做什么都不顺利的时候,有的人往往抱怨自己没有碰到好的机会,或者没有遇到好的环境。但很少有人会反思自己在个性上有什么问题,或者工作中有什么毛病。因此在抱怨一番之后,情况依然不会有什么改变。

人生在世,谁不渴望出人头地?美国成功哲学演说家金·洛恩说过这么一句话:"成功不是追求得来的,而是被改变后的自己主动吸引而来的。"我们之所以没有成功,是因为在我们身上存在着许多致命的缺点,如自私、傲慢、急躁、没有明确的人生目标、缺少自信、做事情不脚踏实地等,这些缺点严重制约了我们的发展。只要对自己进行深刻的检讨,采取改进措施,你的精神面貌就会发生巨大变化,会感觉到自己在一天天地向成功近进。

在自然界中，老鹰可以说是世界上寿命最长的鸟类，它一生的年龄可达70岁。它的第一个生命周期是40岁，要想再获得30岁的寿命，它在第一个周期快要结束时，就必须做出痛苦的重生决定，这就是要求老鹰在它生命中的这个阶段制定新的目标。

当老鹰活到40岁时，它的爪子迅速老化，无法有效地抓住猎物；它的喙变得又长又弯，几乎碰到胸膛，致使吃东西也很困难；它的翅膀变得十分沉重，因为它的羽毛长得又浓又厚，使它飞翔十分吃力。这时候，它只有两种选择：等死或经过一个十分痛苦的更新过程——150天漫长的操练。它必须很努力地飞到山顶，在悬崖上筑巢。停留在那里，不得飞翔。

老鹰首先用它的喙往岩石上击打，直至老的喙完全脱落。然后躺在巢里，静静地等候新的喙长出来。新的喙长出来后，用它把老化的爪子的外壳一根一根地拔掉。当新的爪子长出来后，它便把羽毛一根一根地拔掉。5个月以后，新的羽毛长出来了，老鹰重返天空。用痛苦而正确的决定，享受30年的重生岁月！

在我们的生命中，抱怨之心在所难免，关键在于能否克服这种心理，追求新的目标。其实，我们每一个人虽各有自己的长处，但无疑也会有自己的毛病或不足。清醒地认识自己，不断地完善自己，发挥出自己全部的能力，这对事业的成功肯定会有很大的帮助。

生活中，那些成功、快乐的人，都有一个共同点：干一行爱一行。因为他们坚信：办法总比困难多。生活中的失败者，则是干一行怨一行，认为倒霉的事总让自己摊上了，抱怨命运不好，抱怨社会不公。少抱怨他人和社会，多检查改造自己，这才是人生的真谛。

女工王兆兰从工厂下岗后，没有去抱怨命运，而是实实在在地去做自己能够胜任的工作——北京贵宾楼饭店洗手间的保洁员。保洁工作对保洁员的要求极为严格，8小时工作时间内要不停地擦拭、清扫。一天下来，疲惫不堪。时间不长，和她一起来的8个姐妹都承受不了保洁工作的劳苦而辞职了。王兆兰想：作为一名下岗女工，没有其他技能，选择工作的机会不多，干一行就要爱一行，干一行就要把它干好。由于她工作认真，很快被调到商品部当销售员。可是，就在这个时候，王兆兰工作的场所要停业装修半年，她又一次下岗了。

在待业的日子里，王兆兰看到一家茶店招聘服务员的广告。但招聘的条件很高，年龄要求18~25岁，要懂英语，还要了解中国茶文化。王兆兰前去应聘，软磨硬泡，并极力陈述自己年龄大的优势和好处。最后，老板带着疑虑录用了她。

为了学会泡茶，她反复操作，手上烫出了水泡；为了分辨不同的茶叶性状、品质和口味，她反复试泡试喝，有时喝得心发慌，睡不着觉。很快，她掌握了茶叶和茶艺的基本知识。同时，还学会了一套推销茶叶的技巧，上岗两个月就被老板提升为店长。

在茶叶店的两年时间，她不断地以提升自己为出发点。后来王兆兰参加了第四次茶文化展和第六届国际西湖北京茶会。她的八仙茶获此次茶会茶艺表演一等奖。几年后，王兆兰与人合伙开办了聚福隆茶庄，她由一名年近不惑之年的下岗女工，本着"少抱怨他人和社会，多改造自己"的人生理念，终于成为招收下岗女工的企业老板。

在现实生活中，每个人都可能会遇到下岗待业、卧病不起、考试落榜、婚姻失败等逆境挫折。

"遇到障碍我会诅咒，然后搬个梯子爬过去。"这是美国黑人亿万富翁约翰逊的一句格言。是的，人生中不可能没有挫折、没有阻碍，关键是你如何对待挫折、对待阻碍。与其想要改变全世界，不如先改变自己。我们可以改变自己的某些观念和做法，以抵御外来的侵袭。心若改变，态度就会改变；态度改变，习惯就会改变；习惯改变，人生就会改变。当自己改变后，眼中的世界自然也就跟着改变了。

争
与
让
的人生智慧课

第14章 为正义而争,是争节

许多太软弱的人认为:"人欺天不欺。"自我安慰,相信老天爷终究是不会亏待自己的。这种阿Q式的精神胜利法会使外人看来觉得你逆来顺受、天生老实可欺。任何一件事,只要它破坏了正义,破坏了公平原则,而且它关乎你在社会中的形象、地位与价值,那么这就是非争不可的事,除了勇敢地站出来,你没有其他出路。

常与人做琐屑之争,容易变成"小人"

大凡胸怀大志、打算干一番轰轰烈烈的事业的人,都能屈能伸。这就好比一个矮小的人,要登高墙,必须要寻找一个梯子作为登高的台阶,假如一时寻找不到梯子,那么,即使旁边有一个马桶,也未尝不可利用它作为进身的阶梯。假如嫌它臭,就爬不到高墙上去。

汉初名将韩信年轻时家境贫穷,而他本人既不会溜须拍马,做官从政;又不会投机取巧,买卖经商。整天只顾着研读兵书,最后,只能背上家传宝剑沿街讨吃。

有个财大气粗的屠夫看不起韩信这副寒酸迂腐的书生相,故意当众奚落他说:"你虽然长得人高马大,又好佩刀带剑。但只不过是个胆小鬼罢了,你要是不怕死就一剑捅了我,要是怕死,就从我裤裆底下钻过去。"说罢,双腿架开,立了个马步。众人一哄而上,想看韩信如何动作。

韩信打量着屠夫,想了一会儿,竟然弯腰趴地,从屠夫裤裆下边钻了过去。街上的人顿时哄堂大笑，都说韩信是个胆小鬼。

韩信忍气吞声，从此闭门苦读。几年后，各地爆发反抗秦王朝统治的大起义，韩信闻风而起，仗剑从军，终于得到汉王刘邦的重用，设坛拜封为大将，统领全军，争夺天下威名四扬。

韩信忍胯下之辱而图盖世功业，成为千秋佳话。假如他当初争一时之气，一剑刺死羞辱他的屠夫，按法律处置，则无异于以盖世将才之命来抵偿无知狂徒之命。假如他当时图一时之快，与凌辱他的屠夫斗殴拼搏，也无异于弃鸿鹄之志而与燕雀争论，韩信深明此理，宁愿忍辱负重，也不愿争一时长短而毁弃自己长远的前程。

威廉·詹姆斯说过："明智的艺术就是清醒地知道该忽略什么的艺术。"不要被不重要的人和事过多打搅，因为成功的秘诀就是抓住目标不放，而不是把时间浪费在无谓的琐事上。

西汉文帝时有一个叫直不疑的人，他在一个县城里做小吏时，与另两个同僚住在一起。一次，那两人中的一个错拿了另一个的金子，失金的同僚却认定是直不疑拿的。直不疑知道此时说什么也没用，干脆承认是自己有急事用了，从家中拿出金子给那同僚。事情真相大白以后，汉文帝很敬佩他的度量，就提拔他为谏议大夫。

直不疑上任以后不徇私情，得罪了不少小人，他们不断上书诬陷直不疑，甚至诬陷他与嫂子通奸。有人问起此事，他也只是笑笑说："我没有哥哥呀。"汉文帝问他为什么能如此。直不疑回答说："如果他们告的是事实，我自会受到法律的制裁。我有什么必要辩解呢？"文帝问他是否想知道告发他的那些人的名字。直不疑摇摇头说："他们告发的事正是我要自律的事，既然他们不愿当面提，我又何必非要知道是谁？"直不疑这种内在素质不仅折服了汉文帝，也折服了朝中所有的人。

当污水向一个人泼来的时候，最能检验这是一个什么样的人，是小肚鸡肠、什么也容不下的匹夫，还是目光远大、不计较一时一事之荣辱的高人。

所以，当你碰到对你不利的环境时，千万别逞一时之强，当一时之英雄，只有

争与让 的人生智慧课

争取获得最后的胜利才能算得上真正的英雄。

王小慧在一家外企公司的驻京办事处担任行政经理一职，从到任的第一天开始，她就强烈地感受到了同事小敏对她的戒备之心。小敏为这家公司工作多年，资历较深，为了保住代理经理的职位，小敏当面奉承王小慧如何如何好，背后却经常在老板面前说王小慧的坏话。有一次，王小慧因为车子出了点问题，迟到了几分钟，小敏便借题发挥，给老板打小报告说她身为行政经理，没有时间观念，不以身作则，何以服众？此外，王小慧的一切工作业务，也无不在小敏的关注之下，只要一有什么疏漏，小敏必然在老板面前大肆渲染。王小慧尽管心中愤愤不平，但并没有像小敏那样四处散播不满的言论，仍然兢兢业业地完成自己的工作。半年后，王小慧正式被公司委派做办事处经理，而小敏一气之下辞了职。

能将人击垮的有时并不是那些看似灭顶之灾的挑战，而是一些微不足道的鸡毛蒜皮的小事。人们把大部分时间和精力无休止地消耗在这些鸡毛蒜皮的小事之中，最终让大部分人平庸地度过一生。

其实在这一点上，古代的智者们很早的时候已经有了清醒而深刻的认识，早在两千多年前，雅典的政治家伯里克利斯就向大家发出这样的警告："注意啊，先生们，我们太多地纠缠于小事了！"正是因为计较琐碎的小事，使得我们的人生目标模糊了，意志也动摇了，于是不免落入世俗，从而迷失了自己。

有人说，你每天考虑的事情，就代表你自身的价值。如果我们每天都在考虑着那些鸡毛蒜皮的小事，我们其实就是在将自己贬得一文不值。如果你还看得起自己，就不要为那些无谓的小事浪费心神。大行不顾细节，大礼不辞小让，那些没用的小事就由它们去吧，我们还要留着有用之身干大事呢。

把真理当成你犀利的武器，理直才能气壮

生活中，有人活得畏畏缩缩，让人鄙弃；有人活得正气凛然，让人敬重。是后者天生就有一种强势的性格吗？不，气度来自于心胸，来自于一个人对于正确的价值观和正确的道路的坚持。

为了在漫长的人生道路上不至于行偏踏差，每个人都应该把"忠实于真理"当作是生存之本、行为的准则。当然，生活不能少了衣、食、住、行，想办法去谋求个人利益、实现自我价值也无可厚非。但是，忠诚并不与之对立，反而是相辅相成、缺一不可的。有很多人以玩世不恭的态度对待工作，他们频繁跳槽，这山望着那山高，吃着碗里的，望着锅里的，觉得都是在出卖劳动力，在哪里都一样。如果你也有这种想法，只能说这种想法太过于狭隘了。人要活在现实里，罗马并不是一夜建成的，谁的成功都是通过不断的努力和辛勤的汗水得到的。而这种努力是一定要立于职业道德之上。如若不然，哪个老板愿意把重任交给你做？哪个同事会愿意去相信你？哪个朋友会想去帮助你？这就好比是一家信誉不良的银行，谁又会把厚厚的票子存进去呢？

一位叫米克的磨钻工，年仅 27 岁，他正准备到美国最大的一家珠宝公司——威廉公司应聘。面试那天，米克见到了许多其他的磨钻工：有年届 6 旬的老者，也有颇为自信的年轻人，可谓是人才济济。经过几轮筛选，只剩下了 10 个人，他们每人得到了 3 颗钻石：一颗大的和两颗小的，公司要求他们在 3 个月内将钻石磨成大小适中、璀璨亮丽的成品。

回到家里，米克便立刻钻进工作室，连日连夜地开始磨制那颗大钻石。

当米克精心磨制好第一颗成品时，已经过去了两个月时间。他看了看光彩夺目的"钻石之星"，感到非常满意，于是又赶紧开始磨制另外两颗。米克拿起那两颗小钻,看了又看。突然,他怔住了——假的,眼前的两颗小钻石都是假的!这两颗假钻几乎可以以假乱真,但确实是假的!

米克有点懵了。还剩一个月,根本没有时间允许他再去寻找这般大小的钻石,况且从威廉公司拿回这钻石时,人家告诉他这些钻石都是货真价实的。若用这对假货磨制,人家可能看不出来,可他总觉得心里不舒服,可又能怎么办呢?米克思前想后,又一头钻进了工作室……

3个月的期限很快到了,米克抱着装有钻石的箱子来到了威廉公司。

米克发现,这次只来了6个人,原来有的人拿了公司的钻石就销声匿迹了。公司的专家们开始逐个检查他们的成品,不时诡秘地笑笑,直到来到米克面前。"先生,请你打开箱子。"

米克下意识地抱紧了箱子,然后才慢慢地打开了它。哦?!专家脸上的笑容消失了,箱子里静静地躺着一颗晶莹璀璨的大钻石和两颗"血红之心"——红宝石!

原来,这两颗红宝石是米克的女友送给他的定情信物。当发现公司发给他的是两颗假钻石时,他确实犹豫了很久。如果继续以假充真,他觉得对不起自己的良心,如果原样送回,他又完不成任务,而他又确实想得到这份工作。于是,他做出了这种抉择。

验收完磨钻工的成品后,公司老总告诉应聘者:"你们每个人所领到的都是一颗大的真钻石和两颗小的假钻石。我们要招聘的磨钻工,不只是要看他的技术,而且还要看他的人品……"

当然,米克成为了威廉公司的雇员,而且很快便升任为磨制公司的经理。

当今社会,在我们身边正缺少这种无愧于天、无愧于心的人。有许多年轻人之所以不受社会的欢迎,并不完全是因为他们资历浅、没有经验,更重要的是他们没有经受过社会的锤炼、风雨的洗礼,难以知道什么叫忠诚、什么叫可贵。年轻气盛赋予他们可以反对一切世俗的勇气,他们通常会蔑视敬业精神、嘲讽忠诚,将其视为老板盘剥、愚弄下属的手段。所以,他们始终无法找到自己的栖身之所。当身心皆疲的时候,他们可能会重新思考,回过头去,在匆匆走过的路上寻找自己曾经失去了的枝枝蔓蔓,拾回了忠诚,积蓄力量,重新起跑。

艾莉是一家外企的职员,她的经理是个急性子。一天,经理收到艾莉的一封邮件,说的是一个多月前安排的一项工作,之前已经反复讨论过,并且已经决定了执行的。所以一看还是讲这个问题,经理就有点不耐烦。眼见办公室已经没剩几个人了,于是毫不顾忌地冲到艾莉面前责备一通:"这件事情怎么还在讨论,为什么不去做?为什么没有从专业、可操作的角度去做?"

艾莉一脸固执地望着经理,办公室里能干麻利的小姑娘都被经理的嗓门吓得面如土色。经理强调着他的逻辑,艾莉坚定地拒绝着。经理有些不耐烦,想迅速结束这个争论,就问艾莉:"那你的决定是什么?"艾莉毫不犹豫地说:"我的决定就是我还是不会按照你的想法做!""哼,厉害呀!"经理心想,索性刨根问底地问她拒绝的理由,仔细听下来,觉得很有道理。经理也看得出在每个细节点上,艾莉都做了很多分析。在她的坚持下,经理看到了一个在自己和她的方案之上的一个更好的解决方案。

经理走到艾莉面前说:"你知道吗? 我最喜欢的就是你那股子坚持己见的劲儿。如果你只是简单地听从了我的意见,我不会那么佩服你。正是因为你总是有你的原则,让我有了更多的思考,看到了更全面的角度。"

正义之争,要求我们既不能以自我为中心,干扰全面的布局,也不能见事儿就躲,拈轻怕重要滑头。在心中确立一根是非底线而绝不动摇,坚持该坚持的,抵制该抵制的,这会使你在人群中逐渐树立威信、提升形象。

争与让的人生智慧课

坚持到底，退一步会导致步步后退

"人善被人欺，马善被人骑"、"吃柿子拣软的捏"，这些充满形象比喻的语言用一句大白话来说，就是"老实人吃亏"。

有一些年轻人，或者由于天性柔弱，或者由于过多地听从了师长们要"温良恭俭让"的教导，他们遇事总是一忍再忍、一让再让。结果呢？人们会不会因为他们的平和软弱就以同样的态度对待呢？不，这样只会纵容了一些小人的脾气，让他们更加肆无忌惮。

人们发火撒气往往找那些老实善良者，因为大家都清楚，这样做并不会招致什么值得忧虑的后果。在我们身边的环境里到处都有这样的受气者，他们看起来软弱可欺，所以总是处于受侵犯、受损害的位置。

如果在你身上也存在这种情况，转变做人的态度是十分重要的，不要过分老实软弱，以至于对所有的人都心怀敬畏。没有谁能超越人性的局限。杀人犯也怕被杀，权威只是一时的地位带来的表面力量而已。人是应该有锋芒的，虽然不必像刺猬那样全副武装，浑身带刺，至少也要让那些凶猛的动物们感到无从下口，得不偿失。

当年台湾作家三毛到西班牙读书时，不忘记父母叮嘱的话，凡事要忍让。但是一来二去，四人宿舍的内务全都归她做了。三毛每天要擦桌子，挂好别人丢下来的衣服；洗脏了的地，清理隔日丢在地上的废纸。这还不算，三毛一大柜子的漂亮衣服就是大家的公用品，每天有不同的女同学来借衣服，三毛忍着气给她们乱挑，一句抗议的话也不说。

渐渐地，舍友们更过分了，各种杂事都支使三毛去做，好像她天生是应该为大家服务的。一个拥有礼让美德的中国人，在异国他乡却受到这种不公平的待遇，三毛的心情非常低落。

在一个晚上，宿舍的女孩子偷了作弥撒的甜酒，统统挤到三毛的床上喝酒叫闹。三毛忍无可忍,站起来把窗帘"哗"地一下拉开来,好似雷鸣一样的声音招来了院长。她在没有弄清是非的情况下,就大声训斥起三毛来。

三毛连日来的委屈和愤怒一下子像火山似地爆发出来。她冲出房间,跑到走廊上看到扫把,拉住了扫把又冲回房间,对着那一群同学,举起扫把来,开始如雨点似地打过去。扫把被人抢下来后,她举起桌子上的大花瓶,对着院长连花带水泼过去。

这次事件过去之后,三毛不肯道歉,也不肯忏悔,冷冰冰地对待所有的人。但奇怪的是,宿舍的女孩反而礼貌多了,当初借出去的衣服都还了回来,打扫卫生的事儿,大家也都主动地去尽义务。三毛以激烈的反抗,给自己找回了公平。

如果你是一个从不发火的老好人,那请务必勇敢地进行一次真正的反抗,改变"受气包"的形象。许多人习惯了忍气吞声的生存方式,往往是由于他们患得患失、怕这怕那,自己在主观上先被吓倒了。而无数的事实证明,挺身而出、捍卫自己的正当权益其实是再自然不过的事了,跨过这道门槛,你会发现没有什么大不了的。转换了人生态度,你反而会活得更加自在。

不敢进行第一次反抗,就不会有第二次反抗的发生,因为你永远不知道反抗后获得胜利的滋味有多么好。而有了第一次的反抗,尝到了其中的美妙,你自然就有动力去进行更多次的反抗。久而久之,你就会修正你的心理模式和社会交往方式,由一个甘心受气、只能受气的人,变成一个不愿受气进而反抗的人。

动物世界里的法则是弱肉强食,其实对于人类来说,也未尝不是如此,只不过它在人类社会里不那么赤裸裸罢了。许多太软弱的人认为:"人欺天不欺",自我安慰,老天爷终究是不会亏待自己的。这种阿Q式的精神胜利法会使外人看来觉得你逆来顺受、天生老实可欺。任何事都怕成定式,一旦造成这种结果,你就会像立在田地里的稻草人一样,连小鸟都敢在你头上拉屎。如果你心中因此而感到窝囊,就要勇敢地站出来,维护自己的权利,否则,你的处境只能越来越糟。

欺善怕恶是人性中恶的一面,这是一种无法改变的事实。那些经常受人欺侮的软弱善良的人,与其患得患失、怕这怕那,不如勇敢地站出来为自己的利益抗争到底。反抗后获得胜利的美妙滋味,会成为你逐步找回自我的动力。

争
与
让
的人生智慧课

第15章 为和顺而争，是争福

争不仅可以是硬性的，也可以是软性的。不平则鸣、为正义抗争到底是争，为了"安定团结"，顾全大局，争取一个和谐的、有利于自我发展的良好局面同样是争。无论是工作还是生活，低头之中都潜藏着一种坚持，这种坚持可以被理解为一种坚定的决心——无论如何，我们都要把事情做成；无论如何，我们都要把日子过好。我可以低头，直到实现目标。

在"命令"之前，先学会服从

"恭敬不如从命"是中国古老的至理名言，谆谆告诫着后人：对权比自己高、位比自己重的人，不管你愿不愿意，服从都是第一位的。而在工作中下级服从上级，是上下级得以顺利地开展工作、保持正常工作关系的前提，是融洽相处的一种手段，也是上司观察和评价自己下属的一个尺度。

某国际知名公司一位叫做普尔顿的年轻人，上司让他去一个新的、十分偏僻的地方开辟市场。公司的产品要在那个地方占领市场在很多人看来是很困难的。因此，在把这个任务分派给普尔顿之前，已经有3个人找理由推掉了上司交待的这个任务。他们一致认为那个地方没有市场，接受这个任务的最终结果会是一场徒劳。普尔顿在得到上司的指示后什么也没有说，带着一些公司产品的资料和样品就出发了。

3个月后，普尔顿回到了公司，他带回的消息是那里有着巨大的市场。其实在普尔顿出发前，他也认定公司的产品在那里没有销路。可是他想着上司既然那样决定一定有他的道理，所以选择了无条件地服从。也正是因为这样，他依然前往，用尽全力去开拓市场，并最终取得了成功。

作为企业的员工，你必须知道，无论你的才华有多高，也无论你比你的上司有多聪明，你都要按照上司的决策去执行，因为毕竟他是领导，是企业的决策者，如果大家都按自己的标准行事，团队怎么能够爆发出凝聚力？

民企治理专家曾水良先生认为：服从是一种美德、一种跨越，服从是一种操守、一种财富，服从是一种职业伦理，是人生最重要的品质。服从不谈条件，服从不讲回报，服从是一种义务，服从是一种责任！

服从命令就是下属的天职，是下属应尽的本分，服从命令也是使工作顺利进行的保证。纵观古今，下级服从上级天经地义。但是，在现实生活中，桀骜不驯的"刺头"却不乏其人。不管承认不承认，每一个人内心都有过冲撞、反抗上司的想法，那是一种正常的心理反应，但在现实中，你却不得不为这种反应付出代价。虽然到最后还是得服从权威，但这种服从却让上司感觉完全变了味。因此，我们要克制自己的情绪，谨记服从命令的要义。

职场上，你必须时刻牢记一条：上司永远是决策者和命令的下达者，无论你有多大的把握相信自己的判断力，无论你弋替上司决定的事情有多细微，都不能忽略上司同意这一关键步骤。无论你帮老板做了多少事，也无论老板有多糊涂，甚至依赖你到了你不在他连电话都不会拨的程度，你也必须请示他、服从他。因为他毕竟是你的老板，事情毕竟还得由他来做主。出了错，他承担；有成绩，也得算他的。否则，当上司意识到本应由自己拍板的事情被下属越俎代庖时，他所产生的心理上的排斥感和厌恶感，以及对于下属不懂规矩的气恼，足以毁掉你平时凭借积极努力所换来的上司对你的认同。所谓"一招不慎，满盘皆输"，莫过于此。

在"时间就是金钱"的现代社会里，具有时间观念的人是最受人欢迎的，尤其是在上司分派工作时，你不但要爽快地接受，更要注意按时完成任务。一项工作从开始到完成，都有预定的时间，你必须在这个时间内将它完成。否则，你在上司

争与让的人生智慧课

心目中的形象就会大打折扣。即便是在工作中真的遇到了难以解决的难题，你可以随时请教上司，让上司了解你工作的难度，即便是完成得不是很理想，上司不但不会怨你，反而会更加看重你。

要知道，如果上司对你没有这种放心感和信任感，而是觉得把工作给你很不放心，那对你的前途极为不利。因为对你没有信任感也就不会器重你、提拔你。因此，对于上司交待的任务或是命令，你一定要爽快地回答"是"，千万不要说出一大堆推托的理由，惹得上司不满。这在你的职场生涯中是很关键的。

当然，对于上司的指示或命令也许存在着很多不公平的地方，但是你要学会接受。比尔·盖茨曾说："人生是不公平的，接受它、习惯它吧。"我们也要试着去接受领导对我们可能不平等的事实，对人生的不完美采取顺其自然的态度。与其花精力与领导认真较劲儿，不如把更多精力投入到自己能做好的事情上，更高质量地履行自己的职责。

另外，在我们接受上司的指示和命令时，还要有良好的态度。千万不要在上司交待任务的过程中突然打断上司，提出自己的疑问，这样很容易使上司忘记自己说到哪儿了。这时，上司不仅会感到尴尬，还会很生气。如果真的有疑问，也要等到上司把话说完，然后再提出自己的看法。

因此，身在职场，在工作中就应该学会点头称"是"。如果实在没有合理的地方、对的地方，甚至一无是处，我们也完全可以只当听听"故事"就作罢，而不必在言辞上较劲儿、认真。较劲儿在很多时候是无益的。比方，你可以这样试试，一边认真地倾听着，一边点着头，说，"你说得很有道理"、"我完全赞同你的意见"、"你的话对我启发很大"，等等。只要认真地倾听，就会使上司感觉很好，他的内心也会因此而温和起来。顺着上司的话说，肯定上司的道理，这是人际交流中最基本的常识和技巧。

和气与财气都比"骨气"要紧

俗话说"人和为宝"、"和气生财",如果没有和气的人际环境做基础,一个人是不可能在社会上立足的。很多人因为理不顺人际关系而误人误己。在《易经》中非常强调"和"字的重要性,所谓"天时、地利、人和",则深刻地表明了"人和"对于做人的重要价值。善为大事者,能够控制个人情感,以和谐的人际关系为最佳的做人之本,因为他们懂得"唯有和方能减少麻烦"的道理。

古人讲和气生财。不仅在商业中,在方方面面,和气的性格都是成功的要素。

两个货摊卖同样的东西,一个摊主拉长着脸,一个摊主一脸和气,后者的生意肯定要好做得多。仅从经济学角度讲,买一份货,外搭一份和气,要远比买一份货,还得搭一张长脸划算得多。这么一看,和气也是含金的。和气也是商品。

和气待人与和气待已是一回事。和气待人,必然宽容。当我们和气宽仁地对待所有人时,就相当完整地和气宽仁地对待整个世界了。这个道理对朋友们自然无用多言。重要的不是停留在道理上,而要在实践中体验。

人生要历经千门万坎,洞开的大门并不完全适合我们的躯体,有时甚至还有人为的障碍,我们可能要不停地碰壁,或伏地而行。若一味地讲"骨气",到头来不但被拒之门外,而且还会被撞得头破血流。学会低头,该低头时就低头,巧妙地穿过人生荆棘。它既是人生进步的一种策略和智慧,也是人生立身处世不可缺少的风度和修养。

西方一些企业提拔主管的时候会考虑一个人的婚姻状况。因为企业一般认为结婚的人比未婚的人更有责任感。而事实上,是结婚的人比未婚的人更懂得低头。想一想,工作不是和婚姻有很类似的地方吗?一桩婚姻要持久,难道能不学会自己给自己搬梯子、找台阶?要不,真僵住了,一个说"离婚",另一个说"离就离",

争与让的人生智慧课

真闹到离了婚,日子就一定好过了吗?工作也是这样,除非是你不想干了,否则老板说你几句,你脖子一拧,"老子不干了。"然后呢?就是"光荣"地下岗、失业。所以,做人不能图一时痛快。

无论是工作还是生活,低头不仅是为了"安定团结"、"家和万事兴",而且潜藏着一种坚持,这种坚持可以被理解为一种坚定的决心——无论如何,我们都要把事情做成;无论如何,我们都要把日子过好。我可以低头,直到实现目标。

一笑泯恩仇,世上没有过不去的事儿

释迦牟尼说:"以恨对恨,恨永远存在;以爱对恨,恨自然消失。"耶稣也劝导世人"爱你的敌人"。在日常生活中,当面对一些伤害时,不能产生报复心理,更不能采取报复手段,要有容忍的大度和胸怀,让大家都沐浴在宽容的阳光和雨露下。

古希腊神话中有一位大英雄叫海格力斯。一天他走在坎坷不平的山路上,发现脚边有袋子似的东西很碍脚,海格力斯踩了那东西一脚,谁知那东西不但没被踩破,反而膨胀起来,加倍地扩大着。海格力斯恼羞成怒,操起一条碗口粗的木棒砸它,那东西竟然涨大到把路堵死了。

正在这时,山中走出一位圣人,对海格力斯说:"朋友,快别动它,忘了它吧,离开它,远去吧!它叫仇恨袋,你不犯它,他便小如当初,你侵犯它,它就会膨胀起来,挡住你的路,与你敌对到底!"

恩怨是非是人生常有的事,如果我们对每件事都去怨恨,那么我们的一生将只有怨恨,根本不懂得生活原本还有真情,还充满着幸福和快乐。所以,人的一生要忘记怨恨,换一种宽容的方式去处理事情,会有另一种效果。

前苏联著名作家叶夫图申科在《提前撰写的自传》中,讲到过这样一则十分感人的故事:

1944 年的冬天，饱受战争创伤的莫斯科异常寒冷，两万名德国战俘排成纵队，从莫斯科大街上依次穿过。

尽管天空中飘飞着大团大团的雪花，但所有的马路两边，依然挤满了围观的人群。大批苏军士兵和治安警察在战俘和围观者之间，划出了一道警戒线，用以防止德军战俘遭到围观群众愤怒的袭击。

这些名式各样的不同围观者大部分是来自莫斯科及其周围乡村的妇女。她们之中每一个人的亲人，或是父亲、或是丈夫、或是兄弟、或是儿子，都在德军所发动的侵略战争中丧生。她们都是战争最直接的受害者，都对悍然入侵的德寇怀着满腔的仇恨。

当大队的德军俘虏出现在妇女们的眼前时，她们全都将双手攥成了愤怒的拳头。要不是有苏军士兵和警察在前面竭力阻拦，她们一定会不顾一切地冲上前去，把这些杀害自己亲人的刽子手撕成碎片。

俘虏们都低垂着头，胆战心惊地从围观群众的面前缓缓走过。突然，一位上了年纪、穿着破旧的妇女走出了围观的人群。她平静地来到一位警察面前，请求警察允许她走进警戒线去好好看看这些俘虏。警察看她满脸慈祥，没有什么恶意，便答应了她的请求。

于是，她来到了俘虏身边，颤巍巍地从怀里掏出了一个印花布包。打开，里面是一块黝黑的面包。她不好意思地将这块黝黑的面包，硬塞到了一个疲惫不堪、拄着双拐艰难挪动的年轻俘虏的衣袋里。年轻俘虏怔怔地看着面前的这位妇女，刹那间已泪流满面。他扔掉了双拐，"扑通"一声跪倒在地上，给面前这位善良的妇女重重地磕了几个响头。其他战俘受到感染，也接二连三地跪了下来，拼命地向围观的妇女磕头。于是，整个人群中愤怒的气氛一下子改变了。妇女们都被眼前的一幕所深深感动，纷纷从四面八方涌向俘虏，把面包、香烟等东西塞给了这些曾经是敌人的战俘。

叶夫图申科在故事的结尾写了这样一句令人深思的话："这位善良的妇女，刹那之间便用宽容化解了众人心中的仇恨，并把爱与和平播种进了所有人的心田。"

有位哲人说过："避免痛苦的最好方法，就是宽恕曾经伤害过我们的人。宽恕不只是慈悲，也是修养。包容别人就等于宽容你自己。"正所谓：送人玫瑰，手有余香；送人笑脸，也会得到笑的回报。

南非民族英雄曼德拉，因领导反对白人的种族隔离政策而被入狱，白人统治者将其关押在一个荒凉的大西洋小岛上，关押时间长达27年之久。有3名看守专门负责看守他，而这3名看守对他都极不友好，总是找机会虐待他，曼德拉因而受尽了常人难以承受的痛苦与折磨。

然而，令人深感不解的是，曼德拉在1991年当选总统后，在总统就职庆典上，他做出一个令世人震惊的举动。他向人们特别介绍了3位特殊的客人，那就是他在被关押期间看守他的3名看守，年迈的曼德拉还缓缓站起身来，恭卑地向那3位看守致敬。他说：当我走出囚室，迈过通往自由的监狱大门时，若不能把悲痛与怨恨留在身后，那么我的内心其实仍在囚狱之中。

忘记仇恨，才能心理平衡、解放自己。你宽恕了，你的怨恨就没有了。宽恕是消除怨恨的良药。"念念不忘"别人的"坏处"实际上最受其害的就是自己，是用别人的错误来惩罚自己，搞得自己痛苦不堪。

歌德说："人不能孤立地生活，他需要社会。"良好的人际关系，不仅能给人生带来快乐，而且能助人走向成功。而宽容的品质则是建立良好人际关系的基石，在相互宽容谅解中求得共同的发展和进步是一种良好的愿望。一个人只有具备了宽容的品质，才会懂得理解和尊重他人，才会有爱人之心，有容人之量，成为识大体、顾大局的人。

善待别人也就是善待自己，要想让自己活得更开心，就宽容曾经让你失望的人吧，宽容你的敌人，以退为进，也是一种生活的处世策略。学会宽容，一切矛盾和不开心的事情都会变得海阔天空；学会宽容，遇到生活中的漩涡和大浪，也会让你控制得风平浪静。

第三篇
可敬地让
能给人以温暖、感化和醒悟

如果我们只知道趁风头正劲的时候盲目地开发、拼命地掠夺、无节制地浪费，自己的路就走绝了。有一些事情，表面上看来是获得、是胜利，但是从整体、长远看来却是损失。所以说一个人不光要有竞争的激情，也要有与人为善、团结一切可以团结的力量的心胸。这就要求我们能够自如地把握好自己屈伸进退的节奏，在面临人生关口的时候做出恰如其分的选择。

争与让的人生智慧课

第16章　泰山不让土壤，
河海不择细流，是一种让

　　现代社会分工越来越精细，人们不可能再成为百科全书式的人物，每个人都要借助他人的智慧完成自己人生的超越，于是这个世界充满了竞争与挑战，也充满了合作与快乐。要与人携手打拼，没有容人之量、让人之心是不可以想象的。宽容是人生的一种智慧，一个拥有宽容美德的人，能够对那些在意见、习惯和信仰方面与你不同的人表示友好和接受。这不仅对你的个人生活具有很大的价值，而且对你的事业有重要的推动意义。

朋友的数量与胸怀成正比

　　中国有句俗话叫"得饶人处且饶人"，在现实生活中，大家难免会出现磨擦和冲突，如果谁也不礼让，得理不让人，倨傲蛮横，这种态度不但不能让对方认识到自己的错误，相反，会因此激怒对方，产生更大的冲突。聪明的人以宽容的态度对待别人的过错，让别人自己意识到错误，给别人台阶下的同时，也为自己赢得了尊重与信赖。

　　第二次世界大战期间，一支部队在森林中与敌军相遇，激战后，两名战士与部队失去了联系。这两名战士来自同一个小镇。

　　两人在森林中艰难地跋涉，他们互相鼓励、互相安慰。10多天过去了，仍未与部队联系上。一天，他们打死了一只鹿，依靠鹿肉又艰难地度过了几天，也许是战争使动物四散奔逃或被杀光，这以后他们再也没看到过任何动物。他们仅剩下的一点鹿肉，背在年轻战士的身上。这一天，他们在森林中又一次与敌人相遇，经过再一次激战，他们巧妙地避开了敌人。

就在自以为已经安全时，只听一声枪响，走在前面的年轻战士中了一枪，幸亏伤在肩膀上！后面的士兵惶恐地跑了过来，他害怕得语无伦次，抱着战友的身体泪流不止，并赶快把自己的衬衣撕下来包扎战友的伤口。

晚上，未受伤的士兵一直念叨着母亲的名字，两眼直勾勾的。他们都以为他们熬不过这一关了，尽管饥饿难忍，可他们谁也没动身边的鹿肉。天知道他们是怎么过的那一夜。第二天，部队找到了他们。

事隔30年，那位受伤的战士安德森说："我知道谁开的那一枪，他就是我的战友。当时在他抱住我时，我碰到他发热的枪管。我怎么也不明白，他为什么对我开枪？但当晚我就宽容了他。我知道他想独吞我身上的鹿肉，我也知道他想为了他的母亲而活下来。此后30年，我假装根本不知道此事，也从不提及。战争太残酷了，他母亲还是没有等到他回来，我和他一起祭奠了老人家。那一天，他跪下来，请求我原谅他，我没让他说下去。我们又做了几十年的朋友，我宽容了他。"

宽容不是迁就，也不是软弱，而是一种充满智慧的处世之道。用宽容宽恕别人，也为自己创造了一个融洽的人际环境，这种化诅咒为祝福的智慧确实令人惊叹。

宽容是人生的一种智慧，是建立人与人之间良好关系的法宝。一个拥有宽容美德的人，能够对那些在意见、习惯和信仰方面与你不同的人表示友好和接受。宽容不仅对你的个人生活具有很大的价值，而且对你的事业也有重要的推动意义。一个人经历一次宽容，就可能会打开一扇通向成功的大门。借助宽容的力量，你可以实现自己伟大的梦想，成就自己的事业。

宽容的人更具有人格魅力，更易于搞好人际关系。卡耐基是美国著名的成功学家，在他的著作中曾写道：通过对全球120位成功人士的调查发现，他们都有一个共同的特点，就是能搞好人际关系。而正是因为他们有一颗宽容的心，所以

争与让
的人生智慧课

人际关系才会那么好。

古人说，满招损，谦受益。一个人只有具备"海纳百川，有容乃大"的心态，才能处处为别人着想、将心比心、设身处地、宽容别人，这样才会得到更多人的理解和支持，才会拥有更为辉煌的事业。

有容乃大，这是一种非凡的气度、宽广的胸怀，是对人、对事的包容和接纳。对别人的释怀，也即是对自己的善待。宽容的心态，是一种生存的智能、生活的艺术，是看透了社会人生以后所获得的那份从容、自信和超然。

《管子·形势解》中载："海不辞水，故能成其大；山不辞土，故能成其高；明主不厌人，故能成其众。"

总之，宽容是一种高尚的品德，是人际关系的润滑剂，是一个人成功的前提。在现实生活中，我们应该养成一种宽容的习惯，用宽容豁达去缔造我们的人生。

培养"乐群性"，享受"团体作战"的乐趣

21世纪是一个合作的时代，合作已成为人类生存的手段。因为科学知识向纵深方向发展，社会分工越来越精细，人们不可能再成为百科全书式的人物，每个人都要借助他人的智慧完成自己人生的超越，于是这个世界充满了竞争与挑战，也充满了合作与快乐。

一个人的能力是有限的，只有善于与人合作的人，才能够弥补自己能力的不足，达到自己原本达不到的目的。比如，一个医术高明的外科医生，必须有几个好助手或技术熟练的护士配合，才能完成高难度的手术。所以，一个人如果缺乏与他人合作的精神与能力，他不仅在事业上不会有所建树，甚至连适应社会都会感到困难，以致产生抱怨与畏难情绪。

王雪红一手创立的台湾威盛集团，其2003年的年收入已突破600亿元。她的事业版图延伸到世界各地,这几年在中国大陆的发展尤其明显。

庞大的企业王国,便让才40多岁的王雪红多年蝉联台湾女企业家的首富。虽然是台湾著名商人王永庆的女儿,早期创业也得到父亲的支援,但是王雪红早已跳出父亲的光环,自创新局。

王雪红1981年毕业于柏克莱大学,拿到经济硕士学位。现在她的手下是清一色的男性专业经理人,并且许多是能力非凡的工程师。这些得益于她有识人之明,并且真正做到授权,充分发挥手下人的才智。

威盛的陈文琦、林子牧,都是加州理工学院电机硕士,他们自创公司却与股东理念不合,失意时被王雪红发现,加入她购买的一家美国公司VIA。陈文琦规划策略,王雪红负责市场,林子牧在美国掌研发,铁三角打造出今天的威盛。

随着一个接一个下属企业的创立,王雪红事业的版图清楚成形,王雪红就是一位懂得合作的聪明女人,她靠的就是充分发挥下属的智慧、利用下属的智慧,成为今天的台湾第一女首富。

能力有限是我们每一个人的问题。只要有心与人合作,善假于物,那就有可能避免这个缺陷。如果能取人之长、补己之短,而且能互惠互利,那么合作的双方都能从中受益。通过别人实现自己的愿望是一种智慧,虽然不可能每个人都达到这一点,但每个人都可以与他人合作,携手做出更大的事业。

哲学家威廉·詹姆士曾经说:"如果你能够使别人乐意和你合作,不论做任何事情,你都可以无往不胜。"唯有善于与人合作,才能获得更大的力量,争取更大的成功。

小艾是一个小城的青年女演员,不但人长得漂亮,而且演技好,也很有表演方面的天赋,刚刚在电视上崭露头角。为了进一步增加自己的知名度,她非常需要一家公共关系公司为她在各种报刊上刊登宣传文章,但是她没有钱,也没有机会。

后来,经朋友介绍,她认识了王经理。王经理曾经在一家很有实力的公共关系公司工作过多年,不仅熟知业务,而且也有较好的人脉。几个月前,他自己开办

争与让的人生智慧课

了一家公关公司，并希望能够打入有利可图的公共娱乐领域。但是到目前为止，一些比较出名的演员、歌手因为对他的公司不熟悉，都不愿与他合作。

小艾与王经理相识后，认为自己的机会来了，但是在王经理那边，总因为小艾还是新人而犹豫着是否要在她身上投资。于是，小艾找王经理进行了一次长谈。她详尽地向王经理描绘了一番合作的美好前景，提示王经理"不要让我们的机会白白溜走"。于是，小艾成了王经理新公司的形象代理人，而王经理则为小艾提供出头露面所需的经费。这样，小艾不仅不必为自己的知名度花钱，而且随着名声的扩大，也使自己在业务活动中处于更有利的地位。而王经理也借助小艾的名气变得出名了，很快就有一些有名望的人找上门来。二人各取所需，合作达到了最高的境界，他们的合作关系也因此变得更加牢固。

合作可以产生一加一大于二的倍增效果。据统计，诺贝尔获奖项目中，因协作获奖的占 2 / 3 以上。在诺贝尔奖设立后的前 25 年，合作奖占 41%，而现在则跃居 80%。所以说，没有完美的个人，只有完美的团队。

当今社会的结构方式，决定了孤军奋战的劣势。要想攻克难关，就必须要有合作意识和团队精神。如果你能够使别人乐意与你合作，不论是工作还是生活，你都会有所成就。奥地利著名的心理学家阿德勒先生说过："我们的最大目标就是：在我们居住的地球上，和我们的同类合作，以延续我们的生命。假使每个人都能独立自主，都能以这种合作的方式来应付其生活，那么人类社会的进步必然是无止境的。"

那么，身在职场，如果不善沟通和合作，无论什么工作都是一个人费劲地摸索，最后的结果很可能是死路一条。明智且能获得成功的捷径就是充分利用团队的力量，一个聪明优秀的职场人，必然是具有高度合作意识的人。如果你想在职场中大展拳脚，就要努力提升自己的团队合作意识，争取成为一个职场强人。

忌妒之心太盛，会把自己逼入死角

嫉妒的起因是我们发现别人比我们做得更好，别人比我们拥有得更多。一个人的嫉妒心一旦久了，便容易有过激的行为，这对于人的成长来说不啻于一个毒瘤。

一名生物系即将毕业的女研究生因嫉妒，用水果刀将自己的导师刺伤，随即自尽。这位女生自小就有嫉妒心理，虽然在升学的道路上她成绩优异，一帆风顺，但她孤僻而爱嫉妒的性格却始终没有改变。在读研究生时，她的刻苦精神深得导师器重，但导师更喜欢另一位男生灵活而幽默的性格。于是女生妒火中烧，数次在导师面前中伤那位男生。导师明察之后，发现多数事情纯属子虚乌有，便委婉地批评了女生。由此，女生怒不可遏，做出了伤师害己的愚蠢行为。

嫉妒的杀伤力远超过我们的想象，每当心中怀着一股嫉妒之火时，伤害最大的便是嫉妒者自己。

诚如莎士比亚所说："一个生性嫉妒的女子所产生的毒害较疯犬有过之。"遭受嫉妒的一方固然如同陷入地狱里一般备受折磨，但嫉妒者本身也同样犹如陷身蚂蚁窝的小虫一样受煎熬。你说，这该有多可怕？

传说古希腊时代，有一位体育选手得到了冠军，家乡的人都感到非常荣耀。他们开会决定要建造一个铜像来纪念这个冠军，只是有一个人强烈反对。由于少数服从多数原则，铜像最终还是建好了。后来，那个反对者因为嫉妒，每晚都偷偷地用铲子去铲铜像的脚跟。终于在一天晚上，他的愿望实现了——铜像倒下来了，但巧得很，铜像正压在他自己身上，这人也因此一命呜呼。

故事告诉我们一个教训：不要嫉妒，因为它是既害人又害己的恶魔。

嫉妒者受到的痛苦比任何人遭受的痛苦更大，他自己的不幸和别人的幸福都使他痛苦万分。嫉妒对嫉妒者之所害，正如铁锈之为害铁。心胸狭窄者之所以避免不了失败的结局，就在于他们存心不良。不愿别人超过自己倒也罢了，要命的是，当自己倒霉之时，也要别人没好日子过。要达到这样的目的，除了伤人害己，真的别无他途了。

其实，嫉妒之心人人皆有，就看我们的心理是阳光还是阴暗。心理阴暗的人，常常会将自己所嫉妒的人"扼杀"，通常体现在排挤别人，甚至是毁灭别人，但这样做的结果往往是自己不得善终。昔年庞涓嫉妒孙膑，最后身败名裂；周瑜嫉妒诸葛亮，最后被三气而亡，临死前还不无遗憾地感叹："既生瑜，何生亮？"这些都是因为过度地嫉妒，不能合理地调节、控制自己，做出伤害别人的行为，同时也给自己造成了巨大的心理负担；心理阳光的人，则是知耻而后勇，看到与自己所嫉妒的人之间的差距，以所嫉妒的人为榜样、为目标，扬长避短，择其善而从之，见其恶而避之，自己努力改进，迎头向上，积极地将嫉妒心理转化为进取的动力，不会让嫉妒使自己的心理不平衡。

有一位名叫卡莱尔的书店经理，在无意中发现了一封店员对他极尽辱骂讽刺的信，说他是个差劲的经理，希望副经理能马上接替他的职务。卡莱尔读了这封信以后，就带着信跑到老板的办公室里。他对老板说："我虽然是一个没有才能的经理，但我居然能用到这样的一位副经理，连我雇用的店员们都认为他胜过我了，我对此感到非常自豪。"卡莱尔一点儿也没有嫉妒，只是为自己用了那样能干的副经理而感到自豪。

后来，他的老板不但没有撤换他，反而重用他了。卡莱尔真是一个心胸宽广的人，他对比自己能干的人非但毫不嫉妒，反而大加肯定，为别人感到高兴，这种人的精神着实可嘉。最终他还是得到了老板的信任。

所以我们要学会合理地利用自己的"嫉妒心"，不让虚荣和嫉妒肆意蔓延。学会客观评价自己，胸怀大度，宽厚待人，切忌虚荣自大。将适度的"嫉妒心"化作不断超越和拼搏的动力，这种明智的做法才能让人获得人际的和谐以及事业的成功。

19 世纪初，肖邦从波兰流亡到巴黎。当时匈牙利钢琴家李斯特已蜚声乐坛，肖邦还是一个默默无闻的小人物。然而李斯特对肖邦的才华深为赞赏,怎样才能使肖邦在观众面前赢得声誉呢?李斯特想了个妙法。那时期在钢琴演奏时,往往要把剧场的灯熄灭,灯一灭,一片黑暗,以便使观众能够聚精会神地听演奏。李斯特坐在钢琴面前,当灯一灭,他就悄悄地让肖邦过来代替自己演奏,观众被美妙的钢琴演奏征服了。演奏完毕,灯亮了,人们既为出现了这位钢琴演奏的新星而高兴,又对李斯特推荐新秀的行为深表钦佩。

狐狸与葡萄的故事大家都熟知,狐狸很聪明,把吃不到的葡萄说成是酸的。它奋斗过了,尽了全力,还是吃不到葡萄,这就证明它不具备把葡萄摘下来的本领,在这种情况下,放弃葡萄去寻找新的目标无疑是明智之举。吃不到的葡萄就把它看成是酸的,是一种人生状态的改变,而不是简单的放弃,这样就可以在把自己的心情调节到快乐的状态后,将所有的精力放到自己的长处上,促使自己努力奋斗,取得属于自己的成功,从而得到满足、战胜嫉妒,让生活充满快乐。说句实话:人是应该有一点儿阿Q精神的。

点滴情谊累积起来威力巨大

中国素来是一个礼仪之邦,讲究情义又是中国人的一大特点,而这一特点也成了人们最大的弱点。自古以来就有"生当陨首,死当结草"、"女为悦己者容,士为知己者死"的说法,这些说法都验证了这一特点。因此,聪明的人会利用感情去投资,这对提高自己的人气指数有明显的效果。

乔彬应聘进了一家合资企业。乔彬妻子的父亲因急病住院那天,他向洋老板请假一天,老板得知其请假的缘由后,再三表示,不必担心目前工作多人手少的问题,可以多放几天假,在医院多照顾老人。一次,乔彬的妻子和儿子均生病住院,过度的劳累致使乔彬在一次工作时间内睡着了。洋老板为此十分生气,叫其卷铺盖回家。而当他得知乔彬睡觉的原因后,则自责不已:"我脾气不好,请您原谅我。"并"命令"乔彬立刻放下所有的工作回家料理家务、照顾妻儿。3天后,乔彬来单位工作时,洋老板送给他一辆漂亮的童车,唯恐他不接受,就撒谎说:"这车是朋友送给我的,现转送给您,节假日里,希望您偕妻子一道,用这辆车带孩子出去玩玩,并请接受我这个美国老头子对您全家的良好祝愿。"乔彬闻之早已泪水盈眶。自此,他与洋老板的关系越处越好,更加"死心塌地"地工作。

人都是有感情的,人人都难逃脱一个"情"字。但要想获得别人的感情,首先自己要多付出。尽管在当今社会,由于生活节奏的加快,人与人之间的关系较之以前稍显淡漠,但是"人情生意"却从未间断过。要想办事顺利,就要提前准备筹划,为自己储备人情。

如果你想获得成功,就应该想方设法获得周围人的支持和帮助。而只有你真诚地对待别人,对方才会与你真诚合作。真诚是一种习惯,善待他人也是一种习惯。请记住这句话:善待他人也就是善待自己!

蒋介石有一个小本子,里面记载着国民党师以上官员的字、号、籍贯、亲缘及一般人不大注意的细节。凡是少将以上的官员,他都要请到家里吃饭,每次都是四菜一汤,简朴之极,作陪的往往只有蒋经国。采用这种不请别人陪客的家宴方式显得更加亲热。同时,简单的饭菜给他的部下留下清廉的印象。

蒋介石请部属吃饭后,总要合一张影。他与孙中山有一张合影相片,孙中山坐着,他站在孙先生背后,他与部属留影也摆这个模式,其中的用意不讲自明。他常对部属说:"叫我校长吧!你们都是我的学生。"

如果不是黄埔生,他也很慷慨:"哦,予以下期登记吧!"这样就提高了部属的身价,起到了收买拉拢的作用。

蒋介石给部属写信,除了一律称兄道弟外,还用字、号,以示亲上加亲,可以说他很懂人情世故。

蒋介石不仅熟记部属的字、号、生辰、籍贯,而且对其父母的生日也用心记得很准。有时,他与某将领谈话时,往往是在他提起某将领父母的生日时,使该将领受宠若惊，十分激动，深为委员长的关切所震撼。

第十二兵团司令官雷万霆调任他职时，蒋介石召见了他，蒋介石说："令堂大人比我小两岁，快过甲子华诞了吧？"

雷万霆一听，眼泪都快出来了，激动得声调颤抖着说："总统日理万机，还记着家母生日！"

蒋介石说："你放心去吧！到时我会去看望她老人家，为她老人家添福增寿。"

雷万霆自然死心塌地地成了蒋的心腹。

当杜聿明在徐州为蒋介石打仗卖命时，蒋介石从小本子上查到杜母的生日。他立即命令刘峙在徐州举行为杜母祝寿的仪式，同时又令蒋经国亲赴上海，为杜母送去 10 万元金圆的寿礼，并且在上海举行隆重的祝寿仪式。这个消息传到徐州，杜聿明十分吃惊，这不仅是因为蒋总统记得其母的生日并亲自派人祝寿，而且因为陈诚去台湾疗养，蒋介石才批了 5 万元。蒋介石如此厚待杜聿明无非是让杜为他拼命死战。

由此可以看出，重视他人，并赢得他们的心，才能够为自己的事业打造出坚实、协调的人际关系基础，否则的话，他们很可能会成为我们事业上的绊脚石，影响我们前进的步伐。

人与人之间的关系非常重要，它甚至决定着我们事业乃至人生的成败。一定要处理好人际关系，学会重视每一个人，并善待他们。在一个人最艰难的时候，任何人都有可能成为他的救星。因此，要学会理解别人，了解他人的心理感受，这样才能"得道多助"。

储蓄好人情，平时就要想朋友之所想，急朋友之所急，在他最困难、最需要帮助的时候，给朋友施予援手，这样才能发挥人情的最佳效应，为自己建立起通达的人脉。

争与让 的人生智慧课

第17章 秀林新叶催陈叶，
流水前波让后波，推贤让能，是一种让

人是社会的动物，从某种意义上说，能不能与社会很好地融合，决定着一个人未来成就的高下。我们所要做的是向前辈学习，为后来者引路，摆正自己的位置，更大限度地发挥专长。有一句名言是："帮助别人往上爬的人，会爬得最高。"而且你越是善于帮助别人，你能尝到的果实就越多。

只摘够得着的苹果，不要羡慕高处的苹果

人贵有自知之明。生活中，经常有人"这山望着那山高"，对自己和别人缺乏正确的估价，总喜欢与人盲目比处境，只看到自己的处境不好而看不到自己能力的不足，羡慕别人的光环却看不见别人的艰苦奋斗与优点长处，结果是越比越泄气、越比越没劲。其实，许多时候，适合别人的地方未必适合自己。

在河的两岸，分别住着一个和尚与一个农夫。和尚每天看着农夫日出而作，日落而息，生活看起来非常充实，令他相当羡慕。而农夫也在对岸，看见和尚每天都是无忧无虑地诵经、敲钟，生活十分轻松，令他非常向往。因此，在他们的心中产生了一个共同念头："真想到对岸去！换种新生活！"

有一天，他们碰巧见面了，两人商谈一番，并达成交换身份的协议，农夫变成和尚，而和尚则变成农夫。当农夫来到和尚的生活环境后，这才发现，和尚的日子一点儿也不好过，那种敲钟、诵经的工作看起来很悠闲，事实上却非常烦琐，每个步骤都不能遗漏。更重要的是，僧作刻板单调的生活非常枯燥乏味，虽然悠闲，却让他觉得无所适从。于是，成为和尚的农夫，每天敲钟、诵经之余都坐在岸边，羡慕地看着在彼岸快乐工作的其他农夫。

至于做了农夫的和尚重返尘世后，痛苦比农夫还要多，面对俗世的烦扰、辛劳与困惑，他非常怀念当和尚的日子。因而他也和农夫一样，每天坐在岸边，羡慕地看着对岸步履缓慢的其他和尚，并静静地聆听彼岸传来的诵经声。

这时，在他们的心中，同时响起了另一个声音："回去吧！那里才是真正适合我的生活！"

每个人都有自己存在的价值，你也许羡慕别人的生活比你快乐，你也许认为他的日子过得比你好，然而，你看过他们生活中的另一面吗？我们总是习惯于羡慕别人，但很少有人想到羡慕自己。只有懂得羡慕自己的人，才是真正值得羡慕的人！

一个人来到这个世界上总有许多值得别人羡慕的地方，即使处在人生的低潮亦是如此。一个人事业受挫了，但他还有成功的机会；一个人下岗了，但他还有健康的体魄，一切可以从头开始。和那些更不幸的人相比，这一切太值得羡慕了，也太应该珍惜了。不必羡慕别人的美丽花园，因为你也有自己的沃土，也许你的花不如别人的漂亮、名贵，但是你的花可能给人类提供更多观赏以外的价值，这便是别人的花所没有的优势。

在茫茫的职业大海中，要找到自己的位置，寻回属于自己的一叶舟。它可能很小，但也会载你乘风破浪，让你体会惊涛骇浪的险境，体味成功的酸甜。若你伏在岸边，选择不定，大船你会错过，小船你也会错过，最终只能在海中挣扎几下，而消失在深不可测的海底。看清自己，了解自己，不要低估，也不要夸大，客观地评价，正确地选择自己的方向。做好自己，你便是一道美丽的彩虹，海水会为你汹涌，鸟儿会为你唱歌。

大学毕业的小顾，刚开始为找工作奔波了好长一段时间，起初他见几个跑业务的同学业绩不凡,赚了不少钱,学中文专业的他便找了家公司做业务员,然而辛辛苦苦跑了几个月,不但没赚到钱,人倒瘦了十几斤。同学们分析说:"你能力不比我们差,但你的性格内向、言语木讷、不善交际,因此不太适合跑业务……"后来小顾见一位在工厂做生产管理的朋友薪水高、待遇好,便动了心,费尽心力谋到了一份生产主管的职位,可是没做多久他就因管理不善而引咎辞职。之后,小顾又担任过公司的会计、餐厅经理等职位,终因各种原因被迫离职跳槽。经过这么多挫折后,小顾痛定思痛,吸取了前几次的教训,不再盲目地追逐高薪或舒适的职位,而是依据自己的爱好和特长,凭借自己的中文系本科学历和深厚的文字功底,他应聘到一家刊物做了文字编辑。这份工作相比以前的职位虽然薪水不高,工作量也大,但小顾却做得非常开心,工作起来得心应手。几个月下来,他就以自己突出的能力和表现令领导刮目相看、器重有加。

人才就好比在天上飞的鸟、水中游的鱼,只有找到了自己的位置,才能发挥自己的专长。每个人都有自己的优缺点,找到自己,就是找到自己才能的最佳突破口。"橘生淮南则为橘,生于淮北则为枳",在适合自己的岗位上虫能变龙,在不适合自己的岗位上龙也能变成虫。

一个有才华的人,会比常人更快地抵达梦想的彼岸;但一个有才华的人,如果选错了人生发展的方向,那么,他就会与成功背道而驰。因为有时才华不等于成功。篮球飞人乔丹成名前到一家二流职业棒球队打棒球,成绩一般,只好悻悻而归。可见,只要在适合自己的位置上发挥自己的优势,做好自己,就是莫大的成功。

做好自己位置上的事，才是你最好的工作表现

年轻人普遍欣赏拿破仑的这句话："不想当将军的士兵不是好士兵。"但很少有人深究这句话潜在的含义：你怎样当上将军？必须比绝大多数士兵更优秀、更勇敢，必须舍生忘死地战斗，建立令人炫目的功绩。所以，拿破仑的话，不仅是鼓励部下瞄准未来，更是激励他们着眼于现在，其言外之意是：你想当将军，首先要做一个好士兵。

姜宇是一名库管员，刚刚参加工作的时候，对很多零部件都不认识，入库、出库速度特别慢，不但丢三落四还经常出错。为了搞清楚零部件的种类和作用、下班后，姜宇特意到生产组装车间观察生产线的装配工作，请生产线的主管给他讲解各种零部件的作用、合格零部件与不合格零部件的主要区别……一段时间后，姜宇不但熟悉了 2000 多种零部件的品名、形状、不同供应商的零部件规格和使用特点，还记住了每种零部件的库区、库位，工作效率大大提升了。其他部门的同事一致称赞姜宇工作细、取料准、速度快、头脑清楚。库管员总计有 4 个人，一般进料和领料的人都愿意找姜宇。很多人都认为这份工作不怎么重要，可是姜宇却乐此不疲。

工作半年后，姜宇发现库存中明明有很多积压的零部件，按前 5 个月的平均用量计算至少还可以满足生产车间 6 个月的使用，供应商却不断地送货……针对这个问题，姜宇在完成每天必做的工作之外，还细心地收集了很多数据，查询了很多有关库存管理的条例和流程，然后把收集到的数据资料整理分类，进行分析，将"降低成本、减少库存"的建议提交给了直属主管王经理。

后来在公司开展全员"节能增效"的活动中，王经理把这份建议书上交给公司老总。老总没想到这个平常毫不起眼的小小库管员会对公司如此关心。而姜宇的建议，大部分都得到采纳。

在年终大会上，姜宇被任命为零部件库的主任！

在工作中，愿意把小事做细的员工最终会脱颖而出。因为，企业更愿意选择踏实肯干、责任感强、积极主动并善于思考的新人。持之以恒地完成简单任务、做好"小事"，会让你在普通人群中脱颖而出，领导才会放心地委以重任。而那些急功近利、心浮气躁的人，连芝麻绿豆大的事都做不好的人，怎么可能担当重任呢？换个角度去思考，如果你是领导，你也会做同样的选择。

《菜根谭》上说："嚼得菜根，百事可做。"只有把小事做好，在小事中不断积累经验，培养踏实果断的工作作风，才能在做小事中提高自己的工作水平。英国谚语也说：从一滴水中可以看出整个世界，在做小事当中就可以看出一个人的工作能力和作风。大事不是天上掉下来的，只有做好小事，在小事中不断积累，当做大事的机会出现时，方能有所准备、有的放矢。

现任北京外交学院副院长的任小萍女士，她不管在什么样的工作岗位上都选择了认真对待、全力以赴。所以，才取得了最终的成功。

大学毕业那年，她被分到英国大使馆做接线员。在很多人眼里，接线员是一个很没出息的工作，然而任小萍却在这个普通的工作岗位上做出了不平凡的业绩。她把使馆所有人的名字、电话、工作范围甚至连他们家属的名字都背得滚瓜烂熟。当有些打电话过来的人不知道该找谁时，她就会多问，尽量帮他们准确地找到要找的人。慢慢地，使馆人员有事外出时并不告诉他们的翻译，只是给她打电话，告诉她谁会来电话、请转告什么，等等。不久，有很多公事、私事也开始委托她通知，使她成了全面负责的留言点、大秘书。

有一天，大使竟然跑到电话间，笑眯眯地表扬她，这可是一件破天荒的事。结果没多久，她就因工作出色而被破格调去给英国某大报记者处做翻译。

该报的首席记者是个名气很大的老太太，得过战地勋章，授过勋爵，本事大、脾气大，甚至把前任翻译给赶跑了，刚开始时也不接受任小萍，看不上她的资历，后来才勉强同意一试。结果一年后，老太太逢人就说："我的翻译比你的好上

10 倍。"不久，工作出色的任小萍又被破例调到美国驻华联络处，她干得同样出色，不久即获外交部嘉奖……

当你在为公司工作时，无论老板安排你在哪个位置上，都不要轻视自己的工作。小事情其实正是大事业的开始，既然接受了这个职业、接受了这个岗位，就必须接受它的全部。如果一个接线员不忍受工作的烦琐，她能成为一个合格的接线员吗？

海尔总裁张瑞敏说："什么是不简单，把每一件简单的事情做好就是不简单。什么是不平凡，把每一件平凡的事情做好就是不平凡。"很平实的语言，却包含有很深刻的哲学道理。大家都知道"不积跬步，无以至千里；不积小流，无以成江海"的道理，可就是很难把每件小事都做好、做实、做对，究其根源，还是素养、品质上的不足。如果你真的想要成功，就一定要克服志大才疏、眼高手低、好高骛远的坏毛病，从身边的每一件小事做起。每一个所谓的"大事业"都是由许多小事构成的，每一个"大事业"也都是从小事做起的。

也许我们所做的每一件事都很小，也许我们取得的成绩也很小，但只要我们认真对待每一件小事，为每一次小小的进步而欢呼，有一天你会发现，小事会慢慢地变成大事，小小的进步也会变成一次飞跃。如果你真的想要成功，就千万别看不起身边的小事，就一定要摆正心态从身边的小事做起。

尊重前辈，关照后辈

著名的成功学大师卡耐基说："一个人事业的成功，只有 15% 是由于他的专业知识和技能，而 85% 则依靠他的人际关系和处世技巧。"如果我们要想在工作和生活中顺遂如意，单靠勤勤恳恳地埋头苦干是不够的，来自周围的支持与认可，绝对是一个人最佳的成功助力。

刘茜毕业于一所国内知名大学，专业是计算机编程，由于成绩优秀，所以在大四的时候就被一家进入校园招聘的软件开发公司相中了。毕业之后，刘茜顺利地进入了这家公司，成为了一名技术助理。

由于刘茜工作认真努力，专业技术又十分过硬，所以很快便得到了顶头上司的赏识。入职3个月后，恰逢一位工程师离职，刘茜便顺理成章地顶替了他的职位，成为了一名正式的工程师，同时她也成为全公司升职最快的技术助理。从那以后，刘茜对工作更加认真负责，成功地为公司研发出了好几款软件程序，也因此得到了上司的加倍赞赏。

刘茜性格比较直爽，属于心直口快的那种人。平时和办公室里的同事处得都不错，但唯独对上司的助理于娜有些看不惯。她认为于娜没什么本事，也没有任何实权，只会附和上司的建议，而且总是仗着上司的信任"狐假虎威"，平时对同事常常摆出一副颐指气使的模样。所以，刘茜并不将她放在眼里，有时候还故意找茬将她呼来唤去。

不久之后，公司决定在研发部内部提升一位工程师担任副经理的职位。刘茜由于平时的业绩很突出，而且人际关系也不错，自然成了最热门的人选，刘茜也认为自己的胜算很大。但是，让所有人都出乎意料的是，获得晋升的却是部门内的另一名工程师，这位工程师虽然在公司的资历比刘茜深，但无论从工作业绩还是人际关系上都比刘茜稍有逊色。这样的结果，让所有人都大惑不解。

刘茜自然很失望，而且也很不服气，所以她去找上司，想为自己讨一个说法。但上司却"王顾左右而言他"地跟她打了一通官腔，说了许多诸如"这都是公司高层的决定"、"你还年轻，还有的是机会"之类的话。刘茜在上司那儿碰了个"软钉子"，也不好发作，所以只好忍下了这口气。

过了一阵儿，刘茜也想通了，自己年轻，又有实力，确实还有许多机会。于是，她放下了思想包袱继续努力工作。但是，从那以后，她突然发现上司不再像原来那样经常对她赞赏有加了，有时候，即使她很出色地完成了一款软件的开发，也换不来上司的一句夸奖。而且上司还有意无意地暗示她：要懂得尊重企业的资深员工，应当向他们学习工作经验，有的工作问题并非依靠自己的知识就能解决。面对上司的改变，刘茜有些摸不着头脑，更无法获知其中的原委。直到几个月之后，她才从一个离职的同事那里得知，原来当初自己晋升失败，以及上司对她的改观都是因为上司的助理于娜经常在上司面前给她"做醋"，说她恃才自傲、对资深员工不尊重等等。刘茜很纳闷地问那位同事，为什么上司如此相信于娜的话？同事告诉刘茜说，于娜跟随上司已经多年，早在上司还在其他公司的时候，于娜就是他最忠心的下属。

直到此时，刘茜才知道，原来那个不被自己放在眼里的助理，竟然有这般"能耐"，为此她深感后悔。

每个新人走入职场都希望好好做事，发挥能力，与同事处好关系，但新人常犯的错误是容易孤立地看问题，只注重眼前的事，却不能将这人或事与整个系统的平衡和目标联系起来，放在系统的背景下去考虑。换言之，新员工只有系统地看问题，才能处理好新、老员工的关系。

因此，不管你才干如何，初到新的环境，必须要有"莫扰乱该地生态圈"的认知。具体的做法，不外乎"客气、谦虚、内敛"6字。

谦逊低调的人不会装模作样、摆架子、盛气凌人，能够虚心向大家学习，了解身边同事的情况。新员工要以敬重、真诚的态度对待老的资深同仁。

作为一个初入职场的新人，尤其是在历史较久的公司，往往有元老级同事，元老的资格是不容易得到的，他工作的年限长，所担任的职务高，在公司中始终是重心所寄托的人物。元老的工作经验比他人丰富，在这个公司中，他更是一部活的历史，一切过程，他知之最详，往事历历，如数家珍：某事如何成、某事如何败，此中曲折无不明晰，而一种事业的演变，及如何演变成功以致有现在的局面，自有一连串的因果关系，以后的形势如此，不难于在演变中得其梗概。元老不但是一部活的历史，也是今后工作的指南针。

假如你想到某个地方，想对某种事有所改进，谁知你所提出的方案，正是他从前实施过的，行不通的理由何在，也唯有元老能够根据经验，做出分析和解说，虽然他主张比较缓和，而他稳健，老成持重，这个特点唯元老当之无愧。基于这种特点，对于元老的指示，你要表示诚敬地接受，使元老对你产生好印象，然后你才可以从他那里获得很多宝贵的经验、指示和方向，这些经验是书本上所读不到的，如果要亲自去摸索，那须花上几十个春秋。

如果取得元老的信任，你就掌握了一个基本要素。如果元老能信任你，他在这个公司里是一言九鼎。他肯说句好话，对于你有莫大的帮助，同事器重你，老板也器重你了，只要你真有才能，有真实的成绩拿出来，机会一到，自能一跃而起，扶摇直上。

不挡贤者的道路，就是为自己铺路

帮助别人就是强大自己，帮助别人也就是帮助自己，别人得到的并非是你自己失去的。在一些人的固有思维模式中，认为要帮助别人自己就要有所牺牲，别人得到了自己就一定会失去。比如你帮助别人提了东西，你就可能耗费了自己的体力，耽误了自己的时间。其实很多时候帮助别人，并不就意味着自己吃亏。如果你帮助其他人获得他们需要的东西，你也因此而得到想要的东西，而且你帮助的人越多，你得到的也就越多。

《圣经》里也有一句话，值得我们牢记一生："助人者，助己者也。"——帮助别人，就是帮助我们自己。

有个故事能给大家带来启发：

一个人被带去参观天堂和地狱，他先去魔鬼掌管的地狱，看到的情景令他十分吃惊：每人面前都有丰盛的佳肴，却没有音乐，更没有一张笑脸。尽管他们都坐在酒桌旁，但是人人都无精打采、皮包骨头。他发现每人左臂都捆着一把叉，右臂捆着一把刀，刀叉把手有 4 尺长，使他们无法进餐，因此人人都在挨饿。

然后，他又去天堂，布置完全一样，刀叉把手也是 4 尺长，然而天堂的居民却都在唱歌、欢笑。这位参观者困惑了一下，终于看到了答案。地狱里的每个人都试图喂自己，结果根本吃不到东西。天堂里的每个人都在喂对面的人，因为互相帮助，结果帮助了自己。

对一个人来讲，为别人铺路，其实是给自己留条后路；搬开别人脚下的绊脚石，有时恰恰是为自己铺平道路；送出去的是娇艳的玫瑰，留给自己的却是满身的芳香。

在这个世界上，我们每个人都是彼此不同的，各有各的资质与技巧，各有各的能力，各有各的长处和短处。你今天在某件事上帮助了别人，而在另一件事上，你也可以获得别人的帮助。所以，看似助人的行为，实际上是在成就自己。

战国时期，著名的政治家吕不韦就是精于此道的高手。吕不韦本是位大客商，为人狡黠有心计，他偶然遇到在赵国做人质的秦公子异人，便以为奇货可居，在这位落难公子身上下了最大的赌注。异人是秦国派到赵国来做人质的公子，当时穷困潦倒且处境困难，很不得意。由于秦国经常出兵攻打赵国，两国关系挺紧张，于是赵国对人质也就很不客气，不按应有的礼节对待异人。这位秦国的落难公子身处异乡，整日满面愁云。吕不韦暗想，若能在此时帮异人一把，他必定对自己感恩戴德。将来一旦有了出头之日，看在患难之交的情分上必定对我知恩图报，这样便可得到享不尽的荣华富贵。

吕不韦对异人可谓倾囊相助，为了使异人能获得秦国的王位，耗费数千金四下活动，奔走于秦赵之间并终于打动了秦王的宠妾华阳夫人。华阳夫人便向秦王大扇枕边风，谈异人的贤能之处，秦王爱美人情深，只要华阳夫人喜欢，言听计从，当即表示赞同立异人为嫡子，并刻符为记，永不反悔。

吕不韦将成功的消息带回赵国国都邯郸，告诉异人。异人自然十分高兴，也十分感激吕不韦。二人自然成了形影不离的好朋友。

为进一步增进友谊，吕不韦还不惜忍痛割爱，将自己的美姬送给异人。当然，在这件事上吕不韦还是做了些手脚，赵姬在许配给异人时已怀上了吕不韦的孩子！

异人得到赵姬后，自然是男欢女爱。几个月后，赵姬便生下一子，取名为"政"。他就是后来中国的秦始皇。吕不韦逐渐掌握了秦国的大权。异人为秦王时，他当了丞相，后又成了秦始皇的"尚父"，执掌大权多年，显赫一时。

"土帮土成墙，人帮人成王"，要想人爱己，必先己爱人。我们应当时刻存有乐善好施、成人之美的心思，才能为自己多储存些人情债。这就如同一个人为防不测，须养成"储蓄"的习惯，这甚至会让我们的子孙后代得到好处，正所谓"前世修来的福分"。

其实，每个人的能力都有一定限度，善于与人合作的人能够弥补自己能力的不足，达到自己原本达不到的目的。有一句名言："帮助别人往上爬的人，会爬得最高。"如果你帮助一个孩子爬上了果树，你因此也就得到了你想尝到的果实。而且你越是善于帮助别人，你能尝到的果实就越多。

第 18 章　把方便让给别人，把困难留给自己，是一种让

主动去做那些繁重的、需要付出心力的事情，是一种胸怀，同时也得到了磨砺自己的机会。任何成大业者光是心高气盛还远远不够，必须从最低级的事情做起。不要局限于眼前的一人一事，更不要计较得失，任何一次体验都是财富！有时，某些人看似一夜成名，但是如果你仔细看看他们过去的历史，就知道他们的成功并不是偶然得来的，他们早已投入无数心血，打好坚固的基础了。

接受工作的全部，不只是益处和快乐

我们见过很多人，干活的时候敷衍了事，做一天和尚撞一天钟，从来不愿多做一点儿，但到了玩乐的时候却是兴致万丈，得意的时候春风满面，领工资的时候争先恐后。他们似乎不懂得工作要付出努力，总想避开工作中那些棘手与麻烦的事，希望轻轻松松地拿到自己的工资，享受工作的益处和快乐。

工作可以给我们带来金钱，可以让我们拥有一种在别处得不到的成就感。但有一点不应该忘记，丰厚的金钱和巨大的成就感是与付出辛劳的多少、战胜困难的大小成正比的。

其实，只要你有付出，就一定有获得，获得不多，表示付出不够，想要得到更多，你必须付出更多。人生就是一个追求卓越的过程，你只需要今天比昨天多付

出 1%，每天进步一点点，就已踏上卓越之路了。也许你可能不相信，从"差不多过得去的员工"到变成一位"优秀员工"，其实只需要你每天多付出一点点；然而，你却会因此得到很多，你的生活以及整个人生也许都会因此而发生改变。

工作中，我们一定要有这样的想法：如果自己想要在竞争中胜出，那一定要在众人中脱颖而出，做到与众不同，不但要在工作中尽职尽责地做好本职工作，还应该把自己职责以外的工作多做一点，让老板觉得聘用我们是对的，这样自然给自己创造了比别人更多的机会。

小于大学毕业以后，到一家广告公司工作。当时公司正在为商家筹备一场大型的公益活动，每一个员工都很忙，老板更没有时间给小于安排具体工作。于是他成了不折不扣的"万金油"，策划部、设计部、市场部、客服部……哪里需要他就去哪里，他毫无怨言，而且把前辈们交代给他的每一样工作都尽自己所能做到尽善尽美。

的确，小于做的工作很琐碎，给同事买饭、订车票，给客户送设计效果图……这些事情，表面上看都不是他该做的工作，然而小于认为，只要是公司需要的，每一件工作都是有意义的。只要是工作，做了就一定会有收获。由于他的用心和努力，每一个给他指派工作的前辈对他都非常的欣赏。

两年后，因公司发展的需要，要在上海成立分公司，小于被提拔为分公司的副总经理，许多员工都不理解资历如此浅的他为什么能被老板委以重任。最后老板的一番话让大家幡然醒悟："两年来，小于接触过公司所有的业务，而且每一项工作都做得近乎完美，尽管那些工作很细微。我想，能把小事做得如此完美的人，一定不会忽略做大事的每一个细节。如此认真、敬业，并且熟悉公司全部业务的人，公司再也找不到第二人选了。"

一分耕耘一分收获，有付出就会有收获。但是大多数人不明白"多做一些"的真正意义。一个优秀的员工，不仅能尽心尽力地做好自己的本职工作，而且还找机会做自己分外的事情，做自己本职以外的工作，通过做这些工作，我们会积累多方面的经验，认识更多人，还可以受到更多人的关注，这样离成功就更近了。

年轻人应该把眼光放长远一点，应当有远大的志向，才可能成为杰出的人物。光是心高气盛还远远不够，必须从最低级的事情做起。不要局限于眼前的一事一人，更不要计较得失，任何一次体验都是财富！在做一些具体事情的过程中，我们不知不觉中就学到了很多东西，认识到自身的一些不足，知道哪些方面需要弥补。

林巧高中毕业后，来到深圳找工作，可是找来找去，只找到一个在超市里整理货架的工作。老板按小时付给她钱，也没有什么劳动保障。

上班第一天，她就和小组长说，我的时间比较充裕，要是临时有什么事，我随时可以过来。第三天，她去了冷鲜组，说，我有空的时候就过来帮你们杀鱼。第五天，她又跑去帮人算库存。第七天，她又跑去卸货……

两个月后，那些正式员工有事忙不过来时就会说，找她吧，这些事她都懂。于是，她从一个朝不保夕的临时工升为正式员工。没过多久，又以"熟悉基层业务"的理由，被提升为中层领导。

许多成功的人都知道，要想使自己平凡的工作不再平凡，只要做到超过别人所期望你做的，就会很容易如愿以偿。这种"额外"的工作可以使你拥有更为广阔的视野和经验，与此同时也会获得更多的机会。

一位著名的企业家说过："除非你希望在工作中超过一般人的平均水平，否则你便不具备在高层工作的能力。"

其实，做事情的过程就是我们学习的过程，这个过程除了使我们自身的能力得到提高外，更重要的是训练和培养自己强烈的进取心。如果你被认定是一个积极、有重要贡献的人，你就会备受欢迎。同事们会重视你，老板会欣赏你，如果你能保持这些优点，你的老板也会肯定、奖励你。虽不能一夕成功，却也决无永远失败的顾虑。

争与让的人生智慧课

拈轻怕重，失去的远远比得到的多

职场上有那么一些员工，总以为自己非常聪明，经常偷懒或者变相偷懒，对工作敷衍了事，能推就推，能混就混。殊不知，敷衍了事的人不只是工作起来效率较低，自己阻碍了自己发展和进步的道路，而且还会给人们留下做事情不负责任、消极被动、工作粗心大意的坏印象，从而很难获得上司的信任和重用，自然也就无法获得同事的尊重。所以，敷衍工作，实在是摧毁理想，自我懈怠、阻碍自己前进的大敌。

姚璐曾经从事过导游工作，她最初的目的就是当上导游能够实现自己爱好旅游的理想，同时还能够挣到不菲的收入。可是工作一段时间之后，她感到做导游并不轻松，服务性行业本来就辛苦不说，并且工作中还掺有很多未知因素，时刻需要应对变数。她的收入也并不理想，为此，她感到非常疲惫，时常想偷一些懒少带一些团，即使带团出去到一些去过的地方，遇到一些不确定的景点她也是能偷懒不去的就不去了，她认为公司反正也不知道。可是时间长了之后，便有一些与公司有联系的老客户对她进行了投诉，姚璐为此也不得不改行从事其他职业。

用心工作，最大的受益者是自己；敷衍工作，最大的受害者也必定是自己。大部分人总是在渴望自己能得到提升，能得到加薪，但却在工作中依旧抱着为老板打工，只是完成任务，甚至敷衍、马虎的工作态度。似乎他们并不知道职位的晋升是建立在忠实履行日常工作、用心做好每一件事的基础上的。只有尽职尽责、尽善尽美、用心做好目前的工作，才能使你获得价值的提升。

但是，在现实工作中，有很多员工只知道报怨单位或领导，却不反省自己的工作态度，似乎根本不知道被单位重用是建立在认真完成工作并有许多实际成绩和贡献的基础上的。他们整天应付工作，并发出这样的言论："何必那么认真呢?""说得过去就可以了。"结果,他们失去了工作的动力,不能全身心地投入工作,更不能在工作中取得斐然的成绩。最终,聪明反被聪明误,失去了本应属于自己的机会。

认真工作才是真正的聪明,因为认真工作是提高自己的最佳方法。你可以把工作当做你的一个学习机会,从中学会怎样处理业务和进行人际交往。这样不但可以获得很多知识,还为以后的工作打下良好的基础。认真工作的员工不会为自己的前途操心,因为他们已经养成了一个良好的习惯,到任何单位都会受到欢迎。相反,在工作中投机取巧或许能让你获得一时的便利,但却在心灵中埋下隐患,从长远来看,是有百害而无一利的。

一位哲学家说过:"不论你手边有任何工作,都要用心去做。这样,你每天才会取得一定的进步。"只有把自己的工作做得比别人更完美、更迅速、更正确、更专注,调动自己全部的智力,从失败中找出新方法来,这样才能引起别人的注意,才能使自己有发挥本领的机会,从而满足心中的愿望。所以,不论月薪是多么微薄,都不该轻视和鄙弃自己目前的工作。

杨凡在一个文化公司上班,与其他员工一样,他只是一个普通的封面设计者。每个月拿固定的工资,每个月给几本杂志设计封面,如果不出大的问题,他完全可以安逸地过下去。

但杨凡与别的员工不同,当别的员工消极怠工的时候,他总是在一丝不苟地做着自己的事情,尽管这些事情未必能够为自己带来更多的薪水,但他懂得为自己工作的道理。与其上网、聊天、玩游戏如此这般地浪费时间,为什么不多思考一些问题,多学一些业务知识呢?

一般员工工作的时候只是完成老板的任务,他们想,即使设计得再好自己也捞不到什么好处,何必那么费劲呢?而杨凡却不这么认为,虽然捞不到物质上的好处,但能够得到业界的认可、得到读者认可,这才是最重要的。在这样的观念影响下,杨凡为公司很多好书、畅销书做了很多富有创意的封面设计,为公司带来了很大的经济效益和社会效益。尽管杨凡的工资一直没有上涨,但他并不后悔。

争与让的人生智慧课

同事都认为杨凡这样做太不值得了。

突然有一天，公司的老总上调，由于匆忙，不可能向社会公开招聘本公司的总经理，他前思后想，最终把总经理的位置给了杨凡。这时候，同事都说杨凡值了，因为他以前为公司赚的钱现在都成为自己赚的了！试想一下，如果杨凡和其他员工一样也抱着为老板工作的消极态度，那么他现在的结果会有这么好吗？

所以，不要总是抱怨你的公司，抱怨它给你的待遇太差，然后就不认真工作，或者认为是在给老板工作，因而敷衍了事。实质上我们是在为自己工作，为我们以后的道路做铺垫。认识到我们是在为自己工作，意味着自我负责和自我激励。一个人光有自己对自己负责，自己激励自己还远远不够，还要树立为工作负责、为社会负责的道德品质，才能掌握自己的命运。这是最根本的问题。如果我们不愿意自己对自己负责任，不愿意自己督促自己进步，那将不会再有任何力量能使我们在这个社会上站稳脚跟了。

挑战困难，提升自我价值

人们常常埋怨社会埋没人才，其实，由于缺乏信心和勇气，自卑、懒惰、安于现状、不思进取、自我埋没的现象也是相当普遍的。如果我们能多给自己一点鼓励，多一点信心、勇气、干劲儿，多一分胆略和毅力，就有可能使自己身上处于休眠状态的潜能发挥出来，创造出连自己也吃惊的成功来。

齐瓦勃美国第三大钢铁公司是伯利恒钢铁公司的创始人。他出生在美国乡村，只受过短暂的教育。15岁那年，一贫如洗的齐瓦勃到一个山村做了马夫。然而雄心勃勃的齐瓦勃无时无刻不在寻找着发展的机遇。3年后，齐瓦勃来到钢铁大王卡耐基所属的一个建筑工地打工。一踏进建筑工地，齐瓦勃就表现出了高度的自我规划和自我管理能力。当其他人都在抱怨工作辛苦、薪水低并因此而怠工的时候,齐瓦勃却一丝不苟地工作着,并且为以后的发展开始自学建筑知识。

一天晚上,同伴们都在闲聊,唯独齐瓦勃躲在角落里看书。那天恰巧公司经理到工地检查工作,看了看齐瓦勃手中的书,又翻了翻他的笔记本,什么也没说就走了。第二天,公司经理把齐瓦勃叫到办公室,问:"你学那些东西干什么?"齐瓦勃说:"我想我们公司并不缺少打工者,缺少的是既有工作经验,又有专业知识的技术人员或管理者,对吗?"经理点了点头。不久,齐瓦勃就被升任为技师。打工者中,有些人讽刺挖苦齐瓦勃,他回答说:"我不光是在为老板打工,更不只是为了赚钱,我是在为自己的梦想打工,为自己的远大前途打工。为了前途,我们只能在工作中不断提升自己,我要使自己工作所产生的价值远远超过所得的薪水,只有这样我才能得到重用,才能获得发展的机遇。"抱着这样的信念,齐瓦勃一步步升到了总工程师的职位上。25 岁那年,齐瓦勃做了这家建筑公司的总经理。后来,齐瓦勃终于建立了属于自己的伯利恒钢铁公司,并创下了非凡的业绩,真正完成了从一个打工者到创业者的飞跃,成就了自己的事业。

决心获得成功的人都知道,进步是靠一点一滴的不断努力得来的。例如,房屋是由一砖一瓦堆砌成的,足球比赛的最后胜利是由一次一次的奔跑、争抢、射击累积而成的,商店的繁荣也是靠着一个个的顾客在不停的购物过程中形成的,所以每一个重大的成就都是一系列的小成就累积成的。

踏踏实实地做下去是实现任何目标准一的聪明做法。对于那些刚开始做自己事业的人来讲,不管被指派的工作多么不重要,都应该将其看成"使自己向前跨一步"的好机会。有时,某些人看似一夜成名,但是如果你仔细看看他们过去的历史,就知道他们的成功并不是偶然得来的,他们早已投入无数心血,打好坚固的基础了。那些暴起暴落的人物,声名来得快,去得也快。他们的成功往往只是昙花一现而已,因为他们并没有深厚的根基与雄厚的实力。

威斯卡亚公司是一家著名的机械制造公司,其产品销往全世界。许多大学生毕业后到该公司求职遭到拒绝,原因很简单,该公司的高技术人员爆满,不再需要各种技术人才。

争与让的人生智慧课

爱华德和许多人的命运一样，在该公司每年一次的用人招聘会上被拒绝。爱华德没有死心，他发誓一定要进入威斯卡亚重型机械制造公司。怎么办？硬攻不行，他于是采取了一个特殊的策略——从最小的工作开始。

爱华德先找到公司人事部，提出为该公司无偿提供劳动力，请求公司分派给他任何工作，他都不计任何报酬来完成。公司起初觉得这简直不可思议，但考虑到不用任何花费，也用不着操心，于是便分派他去打扫车间里的废铁屑。一年来，爱华德勤勤恳恳地重复着这种简单而又劳累的工作。为了糊口，下班后他还要去酒吧打工。这样虽然得到老板及工人们的好感，但是仍然没有一个人提到录用他的问题。

有一年夏天，公司的许多订单纷纷被退回，理由均是产品质量有问题。为了扭转颓势，公司董事会召开紧急会议商议解决。当会议进行一大半却尚未见眉目时，爱华德闯入会议室，提出要直接见总经理。他在会议上对这一问题出现的原因做了令人信服的解释，并且就工程技术上的问题提出了自己的看法，随后拿出了自己对产品的改造设计图。这个设计十分先进，恰到好处地保留了原来机械的优点，同时克服了已出现的弊病。总经理及董事长见到这个不计报酬的清洁工如此能干，便询问他的背景以及现状。面对公司的最高决策者们，爱华德将自己的意图和盘托出，经董事会举手表决，当即被聘为公司负责生产技术问题的副总经理。

原来爱华德在做清扫工时，细心察看了整个公司各部门的生产情况，并一一做了详细记录，发现了所存在的技术问题并想出了解决的办法。为此，他花了近一年时间搞设计，做了大量的数据统计，为最后一展雄姿奠定了基础。

成功是什么？成功就是一种超越自己的渴望，成功就是别人付出五分的努力，而我们却付出了十倍、百倍、千倍。在这个世界上，天生的高手并不多，比你强的人也不多，那些人为什么能成功，关键就在于他们比普通人多了一份勤奋刻苦和坚持不懈，最终他们也成就了卓越的人生。

第19章 风物长宜放眼量，不计较一时的得失，是一种让

在每一个人的心里都有功利浮躁的一面，每一个人都有得到名誉、地位、金钱以及别人的尊重和奉承的心理需要，于是，为了尽快体现自身价值，人们就不顾一切地处处争先、当仁不让，甚至急红了眼，结果反而失去了别人的尊重和信赖。主动给予，是一种明智的、积极的交往方式。我们所给予对方的，会形成一种社会存储，而不会消失，一切终将以某种我们常常意想不到的方式回报给我们。显然，给予将带给我们的是一个美好的人际交往世界。

"物质"是一时的，"人情"是长远的

略施小惠是以一丁点儿、一丁点儿的施惠，用在同一个人身上，并且依不同时间给予好处。等累积到一定程度时，再运用"流水的启示"，也就是利用当水涨到溢满的程度时，会冲出一条新沟来的原理，让对方依我们的意志而主动配合，以达到预期的目的。一次又一次地施予对方小小好处，当有需求时，对方通常是不会，也无法拒绝的。小恩小惠的特点就是投资少，其回报如何，就要看你是否是个有心人了。

杜林萍在上大学的时候，大家只觉得她心细如发，做事不那么雷厉风行。虽然通常会为她的好心而感动；但说实话，关于她的将来，还真没有人特别看好。从学校毕业后，他们那一届的学生大多被分到一家由女性占据领导地位的国营单

争与让的人生智慧课

位,大家觉得有点儿不自在,但杜林萍与她们很快就融成一片了。

杜林萍的单位过年吃团拜饭,一些妈妈级的同事们都把自己的小孩子带来玩儿,一般没有结婚的女子顶多出于礼貌过去逗孩子几分钟,吃饭的时候都躲得远远的,生怕孩子的油嘴、油手弄脏了自己的衣服。但是杜林萍却不然,她看起来是真心实意地喜欢那些孩子,她坐在小孩子旁边,喂他们吃饭,给他们擦鼻涕……结果自己不仅没吃好饭,而且干净的衣服也被弄得脏兮兮的。席终,她成了孩子们最喜欢的阿姨,妈妈们也同她结成了好友。

杜林萍是分到那个单位去的同学中升职最快的。当初有一个名额分到公关部,大家怎么也想不到会是外貌、英文都一般的杜林萍。可是她似乎又没有使用什么特别的手段,只是真诚待人,哪怕自己吃点"亏"。

主动给予,是一种明智的、积极的交往方式,在这种交往方式中,由"吃亏"所带来的"福",其价值远远超过了所吃的亏。这有两个原因:一方面,人际交往中的吃亏会使自己觉得自己很大度、豪爽、有自我牺牲的精神、重感情、乐于助人等等,从而提高了自己的精神境界。同时,这种强化也有利于增加自信和自我接受。这些心理上的收获,不付出是得不到的。另一方面,天下没有白吃的亏。与我们交往的无非都是普通人,在人际交往中都遵循着相类似的原则。我们所给予对方的,会形成一种社会存储,而不会消失,一切终将以某种我们常常意想不到的方式回报给我们。而且,这种吃亏还会赢得别人的尊重,反过来将增加我们的自尊与自信。显然,给予将带给我们的是一个美好的人际交往世界。

战国时,齐国的孟尝君是一个以养士出名的相国。由于他待士十分真诚,感动了一个具有真才实学而又十分落魄的士人,名叫冯谖。冯谖在受到孟尝君的礼遇后,决心为他效力。

一次,孟尝君要叫人为他到其封地薛邑讨债,问谁肯去,冯谖说,我愿去,但不知用催讨回来的钱,需要买什么东西?孟尝君说,就买点我们家没有的东西吧!冯谖领命而去。到了薛邑后,他见到老百姓的生活十分的穷困,听说孟尝君的讨债使者来了,均有怨言。

于是，他召集了邑中居民，对大家说："孟尝君知道大家生活困难，这次特意派我来告诉大家，以前的欠债一律作废，利息也不用偿还了，孟尝君叫我把债券也带来了，今天当着大伙的面，我把它烧毁，从今以后，再不用还。"说着，冯谖真点起一把火，把债券都烧完了。薛邑的百姓没有料到孟尝君是如此仁义，个个感激涕零。冯谖回来后，孟尝君问他讨的利钱在哪儿？冯谖回答说：不但利钱没讨回，而且把借债的债券也烧了。孟尝君听后便大不高兴，冯谖对他说：您不是要叫我买您家中没有的东西回来吗？我已经给您买回来了，这就是"义"。焚券市义，这对您收归民心是大有好处的啊！

果然，数年后，孟尝君被人谮谄，相位不保，只好回到自己的封地薛邑。薛邑的百姓听说恩公孟尝君回采了，全城出动，夹道欢迎，表示坚决拥护他，跟着他走。孟尝君至为感动，这时才体会到冯谖的"市义"苦心。

这就叫"好与者，必多取"，小的损失可以换取大的利益。得与失之间的转化就是这样神奇，有时也并不是马上就可以见到的，但懂得其中奥妙的人，会掌握取舍的主动权，让它发挥出意想不到的效果。

一次性机会不是真正的机会

在社会上行走，其实"忍"字很重要，因为谁都不可能在任何时间和任何地点都事事如意、一帆风顺，总有些事情是没有办法解决的，所以只能选择忍耐。"忍耐"是一种磨炼、一种考验，是一个人克己的功夫，忍耐可以发挥出令人意想不到的神奇功效。

林荞是一位有着多年工作经验的财务主管，她未来的职业目标是成为总监或副总。

去年，林荞所在公司的一位负责营销的副总离职了，这对于林荞来说无疑是一次很好的机会。因为无论是从工作能力还是从工作经验上来讲，她都在销售主管之上，是公司最理想的人选。然而，出乎林荞意料之外的是，公司的老总在多方考虑之后，还是提升了销售主管。

面对这样的结果，林荞异常气愤，于是在心中便产生了跳槽的想法。她向一位在国企担任高管的前辈述说了自己心中的想法，想听听他的意见。这位前辈告诉林荞说："忍耐下来，什么牢骚都不要发，不要让这件事情影响工作，静观一段时间再做打算。"后来，林荞按照这位前辈的话，控制住了自己的不满情绪，依然像往常一样认真负责地完成工作。

其实，在公司老总的心中，也在千方百计地想办法平衡关系。特别是在老总看到林荞对此事没有任何怨言依然工作很努力时，更是觉得必须要对她有个交代。半年之后，公司老总便指派林荞去了销售业绩最好的深圳分公司，职位是副总兼分公司经理。

古人云：用争夺的方法，即使你得到了，也不可能会是你最想要的结果；但用让步的办法，你可以得到比期盼的更多，会有更大的惊喜。换言之：吃亏是福！

在每一个人的心里都有功利浮躁的一面，每一个人都有得到名誉、地位、金钱以及别人的尊重和奉承的心理需要，好像只有获得了这些，才是我们成功的标志，才能够真正体现出我们自身的价值。于是，为了尽快体现自身价值，人们就不顾一切地、当仁不让，甚至急红了眼，处处争个你死我活，从而失去了别人的尊重和信赖，殊不知，这可是吃了个大亏。这些人最终得到的结果就是：不但什么便宜没占着，还失去了自己的人格和朋友，失去了发展自己、走向成功的机会。

因此，我们在做事及看问题的时候一定要有长远的眼光，要有吃亏的精神，要不怕吃亏。切记：没有人会愿意和一个斤斤计较的人做朋友，也没有人会愿意和一个唯利是图的人合作共事。害怕吃亏的人往往会吃大亏，而对于不怕吃亏的低调者来讲，吃亏就是占便宜，主动吃亏往往能够使你在不如意的时候找到一飞冲天的机会。

在 2003 年 2 月的一天，奥康集团国际贸易部与意大利客商签好了一笔订单,双方谈好产品单价为 23 美金,而且也签订了购销合同。可是在产品投产时,他们发现生产部门在计算成本时将皮料的价格算得过低,若按实际成本计算,每双鞋的出口价格最少还要增加一美金。意大利客商知道这个消息后,表示要严格恪守合同,并没有做出让步的准备。

双方僵持了一段时间之后,奥康集团国际贸易部负责人将这个情况汇报给了公司总裁王振滔,并询问他是否继续与外商洽谈加价,王振滔这时表示:一美金是小事,商业信誉是大事,退一步海阔天空。既然签了合同,即使亏本了,这笔买卖也要继续做下去。

这一消息后来传到了意大利客商的耳中。听说奥康主动做出了让步,意大利客商在感到意外的同时也表示很感动,于是主动提出在价格上增加了一美金。可是这一举动被奥康集团总裁王振滔婉言谢绝了。王振滔表示:奥康多赚一美金还是少赚一美金都不重要,重要的是要恪守信用。

意大利客商对奥康诚信经营的做法大为感动,他们当即决定追加订单,将原来 20 多万美金的订单一下子增加到 100 多万美金。客商表示:接下来要和奥康集团建立长期合作关系,并将在单鞋和休闲鞋方面的更多订单下到奥康来。在商界中,此事一时被人们传为美谈。

其实,有时候的以退为进,就好像是跳高一样,站得远,才可能跳得更高。在与他人交往的过程中,暂时的忍让吃亏能够获得长远的利益。关键就是要不露声色地迎合对方的需要,即把对方的利益放在第一位,又为自己的利益开道。

中国有句老话:"塞翁失马,焉知非福。"事实证明,很多时候当下的吃亏,未必就是坏事。更多的时候,损失蝇头小利反而会换来巨额的大利。因此,身在职场,我们一定要谨记吃亏是福的低调法则,切不可为了眼前的一己私利而落入"鼠目寸光"的俗套,为人处世时一定要有长远的眼光,否则,你就会在斤斤计较中错失获取更大收益的机会。

争与让
的人生智慧课

支持与你意见相反的人，共同完成大事

不论在工作中还是在生活中，当你的意见正确但却无法得到别人的认同时，以退为进地去说服别人，的确能起到很好的效果，因为这种方法刚开始就很容易被人接受，所以，用这种方法说服别人的话，通常都能够取得预想的效果。

富兰克林就曾经用以退为进的方法，使得宪法会议产生分歧的双方达成了一致的意见。

有一次，美国的宪法会议在费城举行。会议中，对于宪法的通过分为了赞成派和反对派，两派人员之间讨论得都非常激烈。由于会议的出席者在人种、宗教等方面的差异很大，利害关系也各不相同，所以整个会议的讨论充满了火药味和互不信任的气氛。两派人员之间的言词都非常尖锐和刻薄，甚至还夹带着人身攻击。

在这样一种情况之下，会议的谈判面临着即将破裂的局面。这个时候，持赞成意见的富兰克林适时地站了出来，他不慌不忙地对在场的所有人员说："事实上，我对这个宪法也并非完全赞成。"富兰克林的话刚一出口，会议纷乱的情形就立即停止了，反对派的人士都用怀疑的眼光看着富兰克林。这时，富兰克林稍作了一下停顿，然后他继续说道："对于这个宪法，我并没有十足的信心，出席本会议的各位代表，也许对于细则还有一些异议，不瞒各位，我此时也和你们一样，对这个宪法是否正确抱有一种怀疑的态度，我就是在这种心境下来签署宪法的……"

富兰克林的话，使得反对派们无比激动和不信任的态度慢慢地平静了下来，在他们的心里已然同意了富兰克林的看法——就让时间来验证一下宪法是否正确吧！于是，美国的宪法最后终于顺利地通过了。

试想，如果富兰克林始终坚持自己强硬的态度赞同宪法的话，必然会使双方的争吵愈演愈烈，最后必然会导致会议的失败。宪法之所以能够顺利地获得通过，就在于富兰克林能够对于自己赞同的态度适可而止，反而以退为进，放弃了自己的坚持，才促成了宪法的通过，达到了自己的目的。

老子曾经说过："夫唯不争，故天下莫能与之争。"这句话的意思是，正是因为你不与人相争，所以天下才没人能够与你相争。

刘博与一位税务局的稽查员因为一笔两万元的账目引发的问题，争辩了一个小时之久。刘博声称这笔两万元的款项确实是一笔死账，永远都收不回来，当然不应该纳税。"死账？胡说！"稽查员反对说，"那也必须纳税。"

看着稽查员冷淡、傲慢而且固执的神态，刘博意识到争辩得越久、越激烈，这位稽查员可能越顽固，他决定避免争论，改变话题，给他一些赞赏。

于是，刘博真诚地对这个稽查员说："我想这件事情与你必须作出的决定相比，应该算是一件很小的事情。我也曾经研究过一些关于税收的问题，但我只是从书本中得到的知识，而你是从你的工作经验中得到的，我有时希望自己也能从事像你这样的工作，这种工作可以教会我很多书本上学不到的东西。"

听完刘博的话，那个稽查员从椅子上挺起身来，讲了很多关于他的工作的话，以及他所发现的巧妙舞弊的方法。他的语气渐渐地变得友善，片刻之后他又讲起他的孩子来。当他走的时候，他告诉刘博要再考虑那个问题，在几天之内给他答复。两天后，他到刘博的办公室里告诉他，他已经决定按照所填报的税目办理。

每逢争论之时，每一个人都会认为自己的想法是正确的。至于对方的想法呢？则往往会认为是荒谬的、完全错误的。其实不管是何种争论，每个人都差不多有正确的意见，也有不正确的想法。因而，当你与别人展开争论时，不妨对对方的某一项意见表示让步，这么一来，你必定能够在某一部分找出双方一致之处。你这样做之后，对方也会对你的某些意见表示让步。

比如：当你碰到了任何一种反对意见，你应当先自己打算着："关于这一点，我能不能在无关大局的范围中做出让步呢？"为使人家顺从你的意见，应当尽量做出"小的让步"。这时你不妨使用"是的……然而"的说话技巧。你可婉转地说："是啊，关于这一点，我同意你的意见，不过除此之外，不是还有这样的方法吗?"或者，"唔……你说得不无道理。不过，采取另一种方法，不是更好一些吗?"有时，为了避免遭到反对，甚至还可以将你的主见暂时收回一下。如果你碰到了对于你的主要意见十分反对的人，那么最聪明的方法还是把问题暂时延缓下来，不必立求解决，这样做，一方面使对方得到重新考虑的机会，另一方面使你自己也有重新决策的机会。

第20章　在冲突和矛盾面前主动寻求和解，是一种让

所谓"天时、地利、人和"，时势之争，人和为最。善为大事者，能够控制个人情感，以和谐的人际关系为最佳的做人之本。为"和谐"而让，不是失败、放弃和逃避，我们可以把它看作是积聚能量的过程，团结一切可以团结的力量，实现你的最终理想。

你争我抢，两败俱伤

"小不忍则乱大谋"，这句话在民间极为流行，甚至成为一些人用以告诫自己的座右铭。的确，这句话包含有智慧的因素，有志向、有理想的人，不会斤斤计较个人得失，更不应在小事上纠缠不清，而应有广阔的胸襟、远大的抱负。只有如此，才能成就大事，从而达到自己的目标。

然而，在现实生活中，经常可以看到这样的场面：因为话不投机或者为了蝇头小利而闹得面红耳赤，轻者怒目相视，重者大动干戈，事后都感到后悔不已，甚至带来不可弥补的损失，这些都是不知忍让的具体体现。

俗话说"忍字头上一把刀"，可见忍是一件令人痛苦的事，所以有句成语叫忍辱负重。人在一生之中，会遇到很多不愉快、难堪的事，有时甚至会感到气愤，会恼羞成怒，会怒火中烧，此时此刻也最能体现一个人的修养、气质和风度。

廉颇和蔺相如都是战国时期赵国的大臣。廉颇英勇善战，曾领兵攻打齐国，

立下赫赫战功，被拜为大将。蔺相如原来是赵国一位宦官头目家中的门客。有一次秦昭王派人带着国书，向赵王索取价值连城的"和氏璧"。蔺相如奉命入秦，在秦王面前据理力争，怒发冲冠，终于保全了和氏璧，使之归还赵国。公元前279年，他随赵王到渑池与秦王相会，维护了赵国的尊严，使秦国没有赚到便宜。由于他在强大的秦国面前表现出的大智大勇，赵王便封他为相国，职位在廉颇之上。蔺相如地位的变化，使廉颇愤愤不平。廉颇认为自己有攻城野战之功，而蔺相如却只有口舌之劳，因此扬言："我不愿意与蔺相如同朝为官。有朝一日见到他，非给他点颜色看看不可！"廉颇存心当众羞辱蔺相如，好摆一摆自己的老资格。蔺相如对这位老将军却是一再忍让，不与他计较。

有一天，蔺相如带着随从人员外出，没想到冤家路窄，老远看见廉颇骑着战马威风凛凛地迎面过来，蔺相如忙退到小巷里躲避。这一来，在蔺相如手下做事的人都感到没面子，认为他怯懦胆小，纷纷要求离去。蔺相如留住大家，心平气和地对他们说："诸位看廉将军和秦王相比，究竟哪一个厉害呢？"大家说："当然是秦王厉害。"蔺相如又说："秦王虽然强大、威风，而我却敢在秦国朝廷上当面斥责他，羞辱他的大臣。我虽然无能，也不至于害怕廉将军吧！但我想，强横的秦国之所以不敢对赵国动用武力，是因为他们知道赵国文有我蔺相如，武有廉颇将军罢了。如果我们之间闹不合，两虎相斗，必有一伤，这时秦国就会乘虚而入，造成亲者痛、仇者快的情景。我之所以对廉将军一再忍让，完全是以国家的危难为重，不计较个人的恩怨啊！"

这些话传到了廉颇那里，廉颇十分感动，羞愧难当。他立刻脱下上衣，背着荆条，主动上门请蔺相如责罚自己。蔺相如一见老将军负荆请罪，赶忙把他扶起。于是两人言归于好，同心协力保卫赵国。在渑池之会以后整整10年内，秦国一直不敢对赵国发动大的攻势。

一个有涵养、有远大志向的人，不会因为枝节问题与人发生争吵，当面对各种非原则的矛盾时，他们常常是刻意忍让，巧妙化解，平息争斗，使对手变手足，仇人变兄弟。因此，忍让是避免斗争的极好方法，对个人事业和发展也具有一定价值。

1754 年，已升为上校的华盛顿率部驻防亚历山大市，当时正值弗吉尼亚州议会选举议员，有一个名叫威廉·佩恩的人反对华盛顿支持的一个候选人。有一次，华盛顿就选举问题和佩恩展开了一场激烈的争论，其间华盛顿失口，说了几句侮辱性的话。身材矮小、脾气暴躁的佩恩怒不可遏，挥起手中的山核桃木手杖将华盛顿打倒在地。华盛顿的部下闻讯而至，要为他们的长官报仇雪恨，华盛顿却阻止并说服大家平静地退回营地，一切由他自己来处理。翌日上午，华盛顿托人带给佩恩一张便条，约他到当地一家酒店会面。佩恩自然而然地以为华盛顿会要求他进行道歉以及提出决斗的挑战，料想必有一场恶斗。

到了酒店，大出佩恩之所料，他看到的不是手枪，而是酒杯。华盛顿站起身来，笑容可掬，并伸出手来迎接他。"佩恩先生，"华盛顿说，"人都有犯错误的时候。昨天确实是我的过错，你已采取行动挽回了面子。如果你觉得已经足够，那么就请握住我的手，让我们做个朋友吧！"

这件事就这样皆大欢喜地了结了。从此以后，佩恩则成了华盛顿的一个热心崇拜者和坚定支持者。

是否可以成就一番事业，关键看你在这样的时候是否能忍一时的委屈，以一种良好的习惯来控制自己，才会有将来的成功。学会关爱别人，这是件很难做到的事，因为这是一件需要付出感情和心血的事。可正因为其难，所以人的成就才有高下之分，有大小之别。

忍人所不能忍，这需要勇气和毅力，需要拥有良好的宽容心胸和作风，同时，更需要一种成事者的大家风范。年轻人要成大事，这种胸怀和作风是必不可少的，唯有如此，才会在关键时刻显出英雄本色，才能赢得人心，从而成就一番事业。

争与让
的人生智慧课

以妥协的方式为自己争取权利

人们常常把退让和失败、放弃、躲避等这些词联系在一起,似乎退让总带有某种贬义和消极的色彩。然而退让却包含了很多层意义,我们可以把它看作是积聚能量的过程。忍让并不是从此以后就不再进攻,相反,忍让是为了在积蓄足够的力量以后更好地进攻。

《伊索寓言》里有这么一则寓言:一天夜里,一场可怕的风暴刮过森林。许多树被吹倒了,到处是树枝。一棵长在河边的橡树被刮到水里,顺流而下。

橡树在河中漂流的时候,发现两岸依然长满芦苇,觉得很奇怪。

"你们是怎么设法活下来的?"橡树问道,"你们看上去那么纤细而脆弱,而我,一棵大树,却快要死了。"

"这没什么可奇怪的。"芦苇细声细气地说,"你们仗着自己的粗壮有力,拼命抵抗,和风暴进行搏斗,结果被狂风刮断了。我们低下头给风让路,避免了狂风的冲击,对最轻微的风也屈身相让,所以我们得救了。"

这故事是说,遇到风险时,妥协退让也许比硬拼更安全。妥协是人在群体生活当中必须学会的一种本领和技能,更是走向成功的必要保证。适当的时候,人是要学会妥协的。给别人一点儿余地,乐于接受别人不同于自己的观点,不管自己喜欢还是不喜欢,无论你处在什么样的位置,人都要在适当的时候学会必要的妥协。

尤其是在面对一些人或事情时,有勇往直前的精神和闯劲固然很好,但是如果不懂得妥协或迂回,恐怕很多时候不是进步更快,而是相反。因此,当遭遇绵软而越不过的篱障时,不要正面突围,采取侧面迂回,保存实力和适当妥协,那么终有一天会柳暗花明!

公元 616 年，李渊被诏封为太原留守，北边的突厥用数万兵马多次攻击太原城池。李渊派遣部将王康达率千余人出战，几乎全军覆灭。后来巧使疑兵之计，才勉强吓跑了突厥兵。更可恶的是，在突厥的支持和庇护下，郭子和等纷纷起兵闹事，李渊防不胜防，随时都有被隋炀帝借口失职而杀头的危险。

在当时的人们看来，李渊当时是内外交困，必然会奋起反击，与突厥决一死战。不料李渊竟派遣谋士刘文静为特使，向突厥屈节称臣，并愿把金银珠宝统统送给始毕可汗!

李渊为什么要这么做呢?原来李渊根据天下大势，已决定起兵反隋。要起兵成大气候，太原虽是一个军事重镇，但不是理想的发家基地，必须西入关中，方能号令天下。西入关中，太原又是李唐大军万万不可丢失的根据地。那么用什么办法才能保住太原、顺利西进呢?

当时李渊手下兵将不过三四万人马，即使全部屯驻太原，应付突厥的随时出没，同时又要追剿有突厥撑腰的四周盗寇，已是捉襟见肘。而现在要进伐关中，显然不能留下重兵把守。唯一的办法是采取和亲政策，让突厥"坐受宝货"。所以李渊不惜俯首称臣。

李渊的让步策略获得了大丰收:始毕可汗果然与李渊修好。后来，李渊派李世民出马，不费多大力气便收复了太原。

而且，由于李渊甘于让步，还得到了突厥的不少资助。始毕可汗一路上送给李渊不少马匹及士兵，李渊又乘机购来许多马匹，这不仅为李渊拥有一支战斗力极强的骑兵奠定了基础，而且因为汉人素惧突厥兵英勇善战，李渊军中有突厥骑兵，自然凭空增加了声势。

李渊让步的行为，不管是从名誉还是物质，虽然付出了很大牺牲，但在当时的情况下，不失为一种明智的策略，它使弱小的李家军既平安地保住后方根据地，又顺利地西行打进了关中。如果再把眼光放远一点看，突厥在后来又不得不向唐求和称臣，突厥可汗还在李渊的使唤下顺从地翩翩起舞哩!这当初的让步可谓是九牛一毛了。

争与让 的人生智慧课

能够妥协，意味着对对方利益的尊重，意味着将对方的利益看得和自身利益同样重要。在讲究平等的现代生活中，只有尊重他人，才能获得他人的尊重。

"妥协"其实是非常务实、通权达变的丛林智慧，凡是人性丛林里的智者，都懂得在恰当时机接受别人的妥协，或向别人做出妥协，毕竟人要生存，靠的是理性，而不是意气。

因为妥协可以维持自己最起码的"存在"。妥协常有附带条件，如果你是弱者，并且主动提出妥协，那么可能要付出相当的代价，但却换得了"存在"："存在"是一切的根本，因为没有"存在"就没有明天、没有未来。也许这种附带条件的妥协对你不公平，让你感到屈辱，但用屈辱换得存在、换得希望，相信也是值得的。

所以，当你碰到对你不利的环境时，千万别逞一时之强，为了所谓的"面子"和"尊严"，不肯暂时低头，而与对方强拼，结果一败涂地，甚至把命都丢了；有些人虽然获得"惨胜"，却也元气大伤，哪还谈得上未来和高远的理想？

人非圣贤，对于得失荣辱，谁都难以抛开，但是，要成就大业，就得分清轻重缓急，从长计议，该忍就忍，该退就退。一时的荣辱算不了什么，只有争取获得最后的胜利才能算得上真正的英雄。

顺时势而行，得来全不费工夫

要想使别人信服你，你首先就要真诚地尽力站在对方的立场上看事情。顺着别人的意图来，是促成与对方合作的一个前提和推动力量。如果你对别人指手画脚，有时会激起他们的逆反心理，导致事情走向你所希望的反面。而若是从对方的立场出发，将他的思路引导到你的思路上来，让他站到你所搭建的舞台上，往往会更容易达到自己的目的。

《战国策·赵策》里有一个有名的故事，讲的是触龙说服赵太后。

当时，秦国攻打赵国，赵国的形势万分危急，便向齐国求援。齐国提出要以赵太后的儿子长安君为人质方肯出兵。赵太后不肯，尽管赵国的大臣再三劝说也无效，最后赵太后发出警告："有复言令长安君为质者，老妇必唾其面。"看来事情是无法挽回了，老太后心意已决。但是赵国的左师触龙却决定说服赵太后，并且他最终成功了，使得齐国出兵救赵，赵国得以摆脱险境。

触龙之所以能成功地说服赵太后，关键在于他抓住了赵太后的"爱子"心理。面对赵太后高度戒备的心理，触龙没有直接劝说赵太后，而是从"家常话"谈起：身体状况、饭量大小等这些老年人共同关心的话题，使赵太后产生了知音之感，她戒备的心理得以放松。接着，触龙抓住老年人爱子的共同特点，并以燕后的事例说明爱子的正确方式：若爱子必为其长远计，为长远计者不在于封侯，而在于使其立功。最后，触龙直言相劝：长安君此次出使齐国，是立功于赵国的极好机会。所以赵太后最终接受了他的观点。

看看触龙的说话策略，我们有何感想呢？触龙全然不从国家利益、君子大义等大题目着手，而是以一个熟人的角度为老太后着想，为老太后的儿子着想，更为太子以后的功业着想，这样，太后能不信任他吗？能不信服他吗？所以他才能圆满地完成任务。

从对方的立场出发，为他分析出事情的利弊，对方便会主动地按照你的思路走下去，从而达到你的目的。人的需要是各不相同的，各人有各自的嗜好、偏爱。只要你认真探索对方的真正意向是什么，特别是与你的计划有关的，你就可以依照他的偏好去应对他。你首先应当将自己的计划去适应别人的需要，然后你的计划才有实现的可能。

有时，我们可以借别人出面出力去做成我们筹划的事。以对方的眼光和情感作为切入点，引导他"变成"自己，这样，他自然会乐意爽快地"替"你把事情给办好。成功有不同的方法，有不同的思维模式，关键看你会不会转变思维，能不能站在对方的立场、角度思考问题。

第二次世界大战时，利维在美国经营一家影片进出口公司。

有一次,利维到英国去洽谈生意,伦敦的一家公司邀请他去看该公司正在研制的一种电视试播,也就是今天的闭路电视。利维一下子对这种只要是自己喜欢看的节目便可随心所欲地放映的设备产生了极大的兴趣,于是着手组织班子来研究闭路电视。

利维的新产品研制小组有3位主要专家,其中有一位叫弗兰克,他脾气很怪,性情暴躁,动辄和别人争吵,他几乎和研制组的上上下下都吵遍了,连利维也不例外。

一天,为了一个实验问题,弗兰克同研制组的另一位助手争执不下。他大动肝火,又拍桌子又摔东西,利维过去劝阻也被他大骂了一顿。正在他们闹得不可开交时,弗兰克的小女儿走进了实验室。小女儿看见她爸爸那副怒发冲冠的样子,吓得哭了起来。弗兰克见状,再也顾不上同别人吵架,赶忙跑过去,赔着笑脸哄逗她。

看到这一情景,利维心里猛地一亮,发现弗兰克虽然看谁都不顺眼,但对留在他身边的小女儿却是百依百顺,视为掌上明珠,不难看出这小女儿是他的主要精神寄托。

为了使弗兰克有充实的精神生活,利维立刻在公司附近为他租了一幢非常漂亮的房子,好让他经常和女儿生活在一起。

本来,利维手头的资金十分紧张,在这种情况下,还为弗兰克租房,使弗兰克心里很是过意不去。因此,尽管利维再三动员他搬进新居,但他坚持不搬。

利维说:"搬不搬家,恐怕由不得你了。""什么?"弗兰克提高了嗓门,"我自己不愿搬,你还敢强迫我不成?""我当然不敢逼你,不过,你的千金安妮已替你做主了。"利维继续说,"她说你心境不好,容易发脾气,这会伤身的。如果她能住在附近照顾你,你就不会发脾气了。起初,我也拿不定主意,可是安妮最后还说:'爸爸多可怜呀,我不能让他再忍受孤独了。'

听完了这番话,弗兰克的眼里充满了泪水,他最终顺从了利维的安排,搬进了新居。自此,弗兰克对利维感激不已,言听计从。

汽车大王福特说过一句话：假如有什么成功秘诀的话，就是设身处地地替别人着想，了解别人的态度和观点。因为这样不但能得到你与对方的沟通和理解，而且更为清楚地了解了对方的思想轨迹及其中的"要害点"，从而做到有的放矢、击中"要害"。

站在他人的立场上来分析他人的问题，能给他人一种为他着想的感觉，同时，这种投其所好的技巧常常具有极强的说服力。因此，我们要做到这一点，"知己知彼"是十分重要的，唯先知彼，而后方能从对方的立场上考虑问题。

放低身段，"庸人"成为胜者

成大事者，能放下身段，以和谐的人际关系与平和的心态来做事与处理问题。对于那些喧宾夺主、以"傲"自居的人，常常会因为人际关系破裂、功高盖主而被淘汰。

经过几轮面试和笔试的"轮番轰炸"，最后汪洋和另外一个女生应聘到大家都很眼红的行政部门。汪洋感觉非常好：自己有本科学历，为人敞亮，口才和反应能力都很强，综合能力好像没有人能超过。再看跟汪洋一起进来的那位叫舒丹的女生：不善言谈，与人相处还略带羞涩。

汪洋每天工作起来风风火火，工作完成得也很出色，有时对领导的决策也提出自己的看法。汪洋还特别喜欢对外联络工作和企业大型文体活动的组织工作，与其他部门混得很熟，可以说是在方方面面都很抢眼。而舒丹的表现就比汪洋逊色多了，做事悄无声息，平时不声不响地就把事情做完了，安静得似乎感受不到她的存在。

一次，行政总监召集行政部门开会。会议过程中，当他问到企业年终大会活动的策划要点时，还没等主管发言，汪洋就忍不住把自己的想法和盘托出，并说，这些想法已经和人事部门的负责人做了交流……

还有一次，汪洋了解到某部门对行政管理条例发布后的反馈信息时，主管不在，汪洋就径直把意见告诉给行政总监，然后由行政总监传达给主管。主管接到总监的信息后，很恼火，责怪自己的助理没有及时将信息传达给他，汪洋坐在一边不敢说话。

3个月后，当领导最终宣布人事任命的时候，留下的却是那个闷声不响的舒丹。这个消息对于汪洋如同晴天霹雳一样：自己怎么会被炒了呢？

张扬个性肯定比压抑个性舒服，但如果因为自己的才能出众而张扬就不是什么好事了。张扬往往是与无知和失败联系在一起的，一个人过于张扬就会招人反感，自然也很难得到上司的赏识和朋友的认可。这样的人又怎么会在事业上、生活中得到长足的发展呢？

松下幸之助也曾经说过："一个人的成功就是他人际关系的成功。"身在职场，我们免不了要与各种各样的人打交道。俗话说"百人百性"，每一个人都有着不同于他人的生活规律与习惯个性。在与别人交往的过程中，如果我们没有"人和"的观念，没有尊重他人的意识，不能够融个性于共性之中，我们就很难顺利地度过一生。因此，在职场中做人应该低调一点，在为人处世上能够做到与人为善会使你拥有一种充实感，会成就你职场中圆融的人际关系，使你的职场生涯平坦且顺畅许多，你会因此而更容易走向成功。

詹坤和赵博是某橡胶公司的两位职员，厂长要在他们两人中选一个人提升为生产科长。谁更合适呢？詹坤的工作可以说是无懈可击，他很爱与各部门竞争，总想击败对方，在专业技术方面比对手赵博强；赵博的工作显然没有詹坤出色，但他知道如何与别的部门配合，并与每一个人都能很好地合作。他力求在各方面配合公司的目标，常抽时间去各部门看看，了解别的部门的职责和问题，借以增加自己的知识。最后，厂长选了赵博。厂长说："詹坤是我们工厂最好的领班，但他的事业眼光太狭窄，把自己局限在专业中，限制了晋升的机会。如果只把自己局限在专业里，而不知道合作的重要性，那至多不过变为一个熟练的技术人才而已。"

在职场中与人交往时，只要我们能够多一分爱心、多一分理解、多一分善良、多一分同情，我们就能够为自己编织出职场圆融的人际网络。在与人为善的同时成就自己良好的人际关系，在与人和睦相处的同时，你职场中的天空也会变得更加灿烂明媚，你的人生道路就会更加平坦顺畅。

海纳百川，成汪洋之势，是因为它地势最低。身在职场，如果你想登上成功的顶峰，你就必须要放下身段、放低自己。这既是我们对自己的理智审视，也是我们对别人更为温和的尊敬。低调是我们积蓄职场能量的前提。身在职场，我们必须要学会放低自己，才能够积蓄更多的职场能量，才能够得到更多人的帮助。

第21章　付出坦诚和信任,卸下
对方的戒备之心,是一种让

　　一个人如果失去了忠诚,就失去了一切,因为人也是要讲口碑的,谁也不愿意与一个毫无忠诚、不能信赖的人共事、交往。所以,忠诚不仅有其独有的道德价值,而且还蕴含着巨大的经济价值和社会价值。一个人要想实现自己的理想,首先就要端正自己的思想,对自己所做的事保持清醒的认识,一开始就要秉承负责到底的精神,努力培养自己良好的品质,这才是成功者应有的心态。

忠诚是一种最稳妥的生存方式

　　忠诚,就是尽心尽力、忠于人、勤于事的奉献情操,它是一种发自内心,饱含着付出、负责甚至牺牲的精神。它在本质上是一种负责的职业精神,而不仅仅是指对某个公司或某位老板的忠诚。忠诚是一种优秀的人格特质,它是时时刻刻伴随着我们的精神力量。它能够很好地约束我们,使我们更加懂得自重,并能带来一种自我满足感,使我们努力去做一个有益于他人的好人。

　　忠诚是一种传统的美德,更是做人的基本道德素质之一。在市场经济大潮中,市场经济竞争的战场虽无硝烟弥漫,但却异常炽热,在这场没有刀光剑影但却旷日持久的战役中,忠诚最能考验一个人,也最能成就一个人。

　　林钦明在一家软件企业上班,但他只是一名普通的软件销售员。有一天,他很意外地被通知在家待岗。待岗比辞退好不到哪里去,只不过每月能够领取一点点象征性的生活费而已。之前,他一直都拿着较低的薪水,没有什么积蓄,一家人的生活一下陷入了困境。

呆在家里才几天,他就一连接到了 3 个奇怪的电话。打电话的人自称是他原来上班的那家企业的竞争对手,他希望林钦明为他们提供一些那家企业的市场机密,之后他会给林钦明提供一份工作或者 10 万元作为回报。

第一次接到电话时,林钦明断然拒绝了。第二次,那个人将报酬提高到 20 万元,林钦明还是严词拒绝了。"你那家企业已经让你待岗了,跟辞退你有什么区别?你没有必要为他们保守秘密了,不值得呀!"电话里的那个人劝说道。

"替企业保守秘密,是我的做人原则,别说我还没有被辞退,即使被辞退了,我也会如此的,你不必再说了。"林钦明再一次拒绝了。

第三个电话打来时,林钦明正在四处借钱,以维持家庭生活之用。而这时,电话里的那个人开的价已高达 40 万元!

林钦明还是拒绝了。

从这以后,电话再也没有打来,一切似乎都过去了。然而,一个星期后,林钦明很意外地被通知去上班,老板把代表企业最高荣誉的奖章——忠诚奖章发给了他,同时,老板还发给他一份聘书,聘任他为企业市场开发部经理。

原来,那 3 个电话都是老板安排他人打的,根本不存在什么竞争对手,那不过是一次干部聘任前的考察罢了。

任何上司都不会容忍或原谅下属对自己不忠,如果为了一己私利而不惜牺牲公司的利益,终究会被职场所淘汰。面对诱惑,林钦明不为所动,经受住了考验,忠诚不仅没让他失去机会,反而让他赢得了机会。

保守职业秘密是我们每一个职场中人的职责所在,更是每一个人内心的一把标尺和对忠诚的一种心理认同。作为职场中人,我们一定要严格要求自己,只有真正地从内心深处具备了高度的心理认同,我们才能够不被外界的各种诱惑所左右,不会被负面的心理所驱使,才不会做出违背心理尺度的事情来。

一位美国专家通过对几十名成功人士的研究发现，在决定事业成功的诸多因素中，一个人的知识水平、能力大小占 20%，技能占 40%，态度也仅占到 40%，而 100% 的忠诚是获得成功的唯一途径，是自我价值得以创造和实现的保证。美国一位成功学家曾无限感慨地说："如果你是忠诚的，你就会成功。"

为什么会这样呢？一个人表现忠诚可以消除老板的戒心和疑虑，进而使老板建立对这个人的信任。出于这种信任，一旦有发展的机会，老板一定会第一个想到他，给他锻炼的机会。忠诚的人在人人都有嫌疑的事件中会最先被排除嫌疑，就是因为他的忠诚品格为他做了担保。

著名管理大师艾柯卡，受命于福特汽车公司面临重重危机之时，他大刀阔斧地进行改革，使福特汽车公司走出危机。但是，福特汽车公司董事长小福特却排挤艾柯卡，这使艾柯卡处于一种两难的境地。此时，艾柯卡却说："只要我在这里一天，我就有义务忠诚于我的企业，我就应该为我的企业尽心竭力地工作。"尽管后来艾柯卡离开了福特汽车公司，但他对于福特公司的影响还是很大。

艾柯卡说："无论我为哪一家公司服务，忠诚都是一大准则。我有义务忠诚于我的企业和员工，在任何时候都是如此。"正因为如此，艾柯卡不仅以他的管理能力，更以他的人格魅力征服了别人。

一个人在任何时候都应该坚守忠诚，这不仅仅是个人品质问题，更关系到公司和企业的利益。忠诚不仅有其独有的道德价值，而且还蕴含着巨大的经济价值和社会价值。一个秉承忠诚的员工，能给他人以信赖感，让别人乐于接纳，在赢得别人信任的同时，更为自己的职业生涯带来莫大的益处。与此相反，一个人失去了忠诚，就失去了一切——失去朋友、失去客户、失去工作，最后，世界上通往成功的所有道路都会永远对他关闭，因为谁也不愿意与一个毫无忠诚、不能信赖的人共事、交往。

因此，千万不要小视忠诚，没有忠诚，一个人真的寸步难行，因为忠诚本身就是一个人立命的根本。忠诚会让一个人受到朋友甚至敌人的尊敬，因为忠诚是人性的亮点。

承认自己的错误，让自己无懈可击

常言道，智者千虑，必有一失。人再聪明都有犯错误的时候。人犯了错误往往有两种态度：一种是拒不认账，另一种是坦率地承认。然而，有一些聪明人为了保住自己的面子，能推就推，能躲则躲，自以为这样就能逃脱干系，避免了担负责任，殊不知，事情的真相终究会大白于天下，你再抵赖也只是枉费心机。

做人讲求能屈能伸，讲求圆润变通。职场上同样如此。职场上我们不可避免地会遇到一些自己难以控制的事情，而这些事情必将引起一些矛盾，如果这时我们能主动承揽过错，会让自己赢得更多的信任。

乔治是一家商贸公司的市场部经理。在他任职期间，曾犯了一个错误，他没经过仔细调查研究，就批复了一个职员为纽约某公司生产 5 万部高档相机的报告。等产品生产出来准备报关时，公司才知道那个职员早已被"猎头"公司挖走了，那批货如果一到纽约，就会无影无踪，贷款自然也会打水漂。

乔治一时想不出补救对策，一个人在办公室里焦虑不安。这时老板走了进来，他的脸色非常难看，就想质问乔治这是怎么回事。还没等老板开口，乔治就立刻坦诚地向他讲述了一切，并主动认错："这是我的失误，我一定会尽最大努力挽回损失。"

老板被乔治的坦诚和敢于承担责任的勇气打动了，答应了他的请求，并拨出一笔款让他到纽约去考察一番。经过努力，乔治联系好了另一家客户。一个月后，这批照相机以比那个职员在报告上写的还高的价格转让了出去。乔治的努力得到了老板的嘉奖。

有些人认为承认错误有失自尊、面子上过不去，害怕承担责任，害怕惩罚。与这些想法恰恰相反，勇于承认错误，你给人的印象不但不会受到损失，反而会使

争与让的人生智慧课

人尊敬你、信任你，你在别人心目中的形象反而会高大起来。

松下幸之助说："偶尔犯了错误无可厚非，但从处理错误的态度上，我们可以看清楚一个人。"老板欣赏的是那些能够正确认识自己的错误、并及时改正错误以补救的职员。

敢于担当是一种积极进取的精神。无数的例子表明，无论是工作还是生活，勇于负责的人最终都会得到人们的赞赏。所以，一个人要想实现自己的理想，首先就要端正自己的思想，对自己所做的事保持清醒的认识，一开始就要秉承负责到底的精神，努力培养自己良好的品质，这才是成功者应有的心态。也只有这样，在你最需要的时候，才会有人站出来为你说话，助你一臂之力。

费丁南·华伦是一位商业艺术家，他就是用这种方法赢得了一位暴躁易怒的艺术品顾主的好印象。

精确、一丝不苟，是绘制商业广告和出版品的最重要素质。但有一位主顾总是喜欢鸡蛋里头挑骨头。每次，华伦离开他的办公室时总感觉不舒服，因为他攻击的是华伦的创作方法，而他在这方面是没有发言权的。"一次，我交了一件很急的完稿给他，没多久他就打电话给我，要我立刻过去，说是出了问题。当我到了之后，看见他满怀敌意，正如我所料——麻烦来了。在听完他的恶意指责后，我平静地说：'先生，如果你的话没错，我的失误一定不可原谅。我为你工作了这么多年，实在该知道怎么画才对。我觉得惭愧。'没想到他竟然开始为我辩护起来：'是的，不过毕竟这不是一个严重的错误。只是……'我打断了他：'任何错误，代价可能都很大，是不能原谅的。'他想插嘴，但我不让他插嘴，继续不停地进行自我批评。最后，我向他道歉，说：'很抱歉，给你添了麻烦，为了让你满意，我打算重新再来。''不！不！'他急忙反对起来。最后，他甚至赞扬了我的作品，告诉我只需要稍微修改一点就行了，又说这只是小节，不值得担心。"华伦讲完这个故事后，补充道："我急切地批评自己，却使他怒气全消。结果他邀我共进午餐，分手之前他开给我一张支票，又交给我另一件工作。"

如果你认为某人想要或准备责备你，也许对方是在吹毛求疵，这时你不要懊恼,自己先行一步,主动地把对方要指责你的话说出来,那他就拿你没有办法了。在这种情况下,十之八九对方反而会以宽大、谅解的态度对待你、忽视你的错误。

孔子说:过而不改,是谓过矣。人无完人,没有人不会没有错误,有时甚至还一错再错,既然错误是不可避免的,那么可怕的并不是错误本身,而是怕知错而不肯改、错了也不悔过。其实,如果能坦诚地面对自己的缺点和错误,再拿出足够的勇气在以后的工作中更加谨慎,就能加深别人对你的良好印象,从而很痛快地原谅你的错误。这不但不是"失",反而是最大的"得"。

事实上,一个有勇气承认自己错误的人,他也可以获得某种程度的满足感:这不仅可以消除罪恶感,而且有助于解决由这项错误所造成的问题。卡耐基告诉我们,即使傻瓜也会为自己的错误辩护,但能承认自己错误的人,就会获得他人的尊重,而且令人有一种高贵、诚信的感觉。

人情可以不做,做了就不要以"施恩者"自居

生活中经常有这样的人,他们的虚荣心很强,如果他们为朋友或他人做了事、帮了忙,他们便不知道自己姓什么了。于是心怀一种优越感、高高在上,常常是把芝麻大的小事也能说成西瓜那么大,而且是逢人便说,生怕人家忘记了他的这份"大恩"。这种态度是很危险的,常常会引发反面的后果,也就是:帮了别人的忙,却没有增加自己人情账户的收入。其实,没有朋友会因为你不说,就会忘记你送的人情,多说反而无益。人家可能会找机会尽快还你的人情,之后便敬而远之,即便是你再有能力,朋友也会另请高明。所以,做足了人情、给足了面子,才能带来良好的结果。

古代有位大侠叫郭解。有一次,洛阳某人因与他人结怨而心烦,多次央求地方上有名望的人士出来调停,对方就是不给面子。后来他找到郭解门下,请他来化解这段恩怨。

郭解接受了这个请求,亲自上门拜访委托人的对手,做了大量的说服工作,好不容易使这人同意了和解。照常理,郭解此时不负人托,完成这一化解恩怨的任务,可以走人了。可郭解还有高人一着的棋。

一切讲清楚后,他对那人说:"这个事,听说过去有许多当地有名望的人调解过,但因不能得到双方的共同认可而没能达成协议。这次我很幸运,你也很给我面子,我了结了这件事。我在帮助了你的同时,也为自己担心,我毕竟是外乡人,在本地人出面不能解决问题的情况下,由我这个外地人来完成和解,未免使本地那些有名望的人感到丢面子。"他进一步说:"这件事这么办,请你再帮我一次,从表面上要做到让人以为我出面也解决不了问题。等我明天离开此地,本地几位绅士、侠客还会上门,你把面子给他们,算做他们完成此一侠举吧,拜托了。"

人都是爱面子的,你给他面子就是给他一份厚礼。有朝一日你求他办事,他自然要"给回面子",即使他感到为难或感到不是很愿意。这便是操作人情账户的全部精义所在。在知道人们是如何地注重面子之后,还必须尽量避免在公众的场合内使你的对手难堪,必须时时刻刻提醒自己不要做出任何有损他人颜面的事。只要你有心,只要你处处留意给人面子,你将会获得天大的面子。所以,帮忙时应该注意下列事项:

第一,不要使对方觉得接受你的帮助是一种负担;

第二,要做得自然,也就是说在当时对方或许无法强烈地感受到,但是日子越久越体会出你对他的关心,能够做到这一步是最理想的;

第三,帮忙时要高高兴兴,不可以心不甘、情不愿的。如果你在帮忙的时候,觉得很勉强,意识里存在着"这是为对方而做"的观念,假如对方对你的帮助毫无反应,那么你一定大为生气,认为"我这样辛苦地帮你忙,你还不知感激,太不识好歹了!"如此的态度甚至想法都不可取。如果对方也是一个能为别人考虑的人,你为他帮忙的种种好处,决不会像射出去的子弹似的一去不回,他一定会用别的方式来回报你。

在一个大雪纷飞的冬天，一个贫穷的农夫向村里的首富借钱。恰好那天首富兴致很高，便爽快地答应借给他银子，末了还大方地说：拿去花吧，不用还了！农夫接过钱，小心翼翼地包好，就匆匆往家里赶。首富冲他的背影又喊了一遍：不用还了！

第二天大清早，首富打开院门，发现自家院内的积雪已被人扫得干干净净。他让人在村里打听后，得知这事是农夫干的。这时首富明白了：给别人一份施舍，只能将别人变成乞丐。于是他前去让农夫写了一份借契。

事实上农夫是在用扫雪的行动来维护自己的尊严，而首富向他讨债极大地成全了他的尊严。在首富眼里，世上无乞丐；在农夫心中，自己更不是乞丐。如果把"施恩"变成了"施舍"，一字之差，高低立见，效果却大大的不同。

总之，我们在人际交往中，一定要明白：帮忙是互相的，切不可像做生意一样赤裸裸的，把每件事摆放得清清楚楚，忽视了感情的交流，会让人兴味索然，彼此的交情也维持不了多长时间。只有淡化自己对朋友的帮助，才会让朋友倍感温暖。这样做不仅加深了朋友之间的友情，而且也增加了自己人情账户的收入。

做别人眼里的"可交"、"可用"之人

"人无信而不立"，诚信是为人之根本。中华民族历来把诚实守信作为立身处世之本。孔子说："人而无信，不知其可。"意思是说，只有诚实守信的人才能得到别人对他的信任。一个做事做人均无诚信的人，是很难在社会上立足的。

从古到今，欺骗别人就是欺骗自己。如果没有诚信，就无从立足，更谈不上发展。品格是世界上最强大的动力之一。高尚的品格，是人性最高形式的体现，同时也是最好的投资本钱，它能最大限度地展现人的价值。

小冯和朋友张明前往一家公司应聘。邪家公司待遇优厚，参与应聘的人不少。面试结束后，主考官说还需要复试一次，让他们3天后再到公司复试。

3天后，他们早早地去公司。公司总经理亲自为他们安排了当天的工作——给他们每人一大捆宣传单，让他们到指定的街道各自发放。

小冯抱着传单，来到了划定的地盘，见人就发一张。有的人接过去了；有的人连理都不理；有的接过去就随手扔在地上，他只好捡起来重发。忙碌了一整天，可手上的传单还剩厚厚的一叠。

下班时间到了，小冯拖着一身疲惫回公司交差。走进公司办公室，他看见其他人都已经回来了。张明一看到他就说："你怎么还留那么多传单在手中？"小冯一看大家手上都是空的，心里慌了。

总经理问小冯发了多少。他顿时涨红了脸，把剩下的传单拿出来，难为情地说："我做得不好，请原谅！"在回住处的路上，张明一个劲儿地说他，骂他傻，并告诉小冯自己的传单也没发完，剩下的全都扔进了垃圾桶，其他人想必也是如此。小冯这才恍然大悟，恨自己愚钝不开窍，心想这份工作自己肯定没指望了。

结果却大大出乎意料。在那次招聘中，小冯成了唯一被录用的人，这个结果让人感到很纳闷。

半年后，小冯因为业绩突出，升任为部门经理。在庆典晚宴上，他询问总经理当初为何选择了他。老总说："一个人一天能发放多少传单，我们早就测试过。那天我给你们的传单，用一天时间肯定是发不完的。其他人都发完了，唯独你没有，答案就这么简单。"

诚实的人才是真正聪明的人，而那些虚伪的人只能从一些"小聪明"中获得短暂的利益，最终会被自己的小聪明毁掉。你要明白，他人对你的信任，首先来自于你对他的诚实。

这也深刻地说明，一个人要想立身处世，尤其在当今社会竞争激烈的情况下，诚信非常重要，这是人名誉的根本，是做人深层魅力的所在。人们常说"君子一言，驷马难追"，讲的就是做人的诚信和做人的基本道德及水准。无论在家里、机关、生意场上，以及企业和网络上，只要有人生存的地方，就有竞争，竞争的得与失、成与败，那就看你做人的标准了。一个不讲信用的人，是为世人所不齿的。

韩国现代企业集团的总经理郑周永，是世界闻名的大财阀。然而，朝鲜战争期间，正当他很快在韩国的建设行业中崭露头角、事业有了起色之时，意外的打击无情地降临到他头上。

1953 年，郑周永的现代土建社承包了一座大桥的修建工程。由于战时物价上涨，开工不到两年，工程费总额竟比承包时高出了 7 倍。

在这严峻的时刻，有人好心地劝阻郑周永，赶紧停止施工，以免遭受进一步损失。但郑周永另有一番想法："金钱损失事小，维护信誉事大。"

于是郑周永鼓足勇气，毅然决定：为了保住现代土建社的信誉，宁可赔本甚至破产也要按时把工程拿下来。结果，现代土建社付出了巨大的代价，终于按时完工，保质保量地按时交付使用。

郑周永虽然这回吃了大亏，以致濒临破产，但从此树起了恪守信用、能担大事的形象，赢得了人们的信任，生意一个接一个地找上门来。

不久，郑周永投标承包了当时韩国的四大建设项目：朝兴土建、大业、兴和工作所和中央产业，承建了汉江大桥的第一期工程。接着，又继续承包了汉江大桥的第二期、第三期的工程。

光是汉江大桥这三项重大工程就前后整整承建了 10 年的时间，它不仅使郑周永的"现代建筑"赚得了丰厚的利润，而且压倒了同行对手，一跃成为韩国建筑行业的霸主。

罗曼·罗兰说："没有人可以指导你的人生。人生就像在波涛汹涌大海里航行的一叶扁舟，舟上的乘客只有你一个人，你必须把握小船的航向，人生的航向永远都可以用诚信来把握。有了诚信，你的小船才不会被金钱、荣誉的大海吞没。"

诚实是做人之本，是为人处世的最高品格，也是你在公司里能够取得事业成功的必备品质。诚实很重要，就和做正确的事一样重要。一个禀赋诚实美德的人，能给他人以信赖感，让人乐于接近，在赢得别人信赖的同时，又能为自己的工作和事业带来莫大的益处。

争与让的人生智慧课

摒弃"凡事自己来"的思想

人类亦是如此,只要懂得和朋友或同伴合作而非单打独斗,往往就能"飞"得更高、更远,而且更快。那些失败者大都是单枪匹马闯天下的"个人英雄",由于没有借助群体的力量,因而自己的不足与欠缺得不到互补;而许多成功者都会借助别人的才智、技术、方法等,因此取得了令人称羡的辉煌业绩。

即使个人在荒野中隐居,也仍然需要依赖自身以外的力量生存下去。人越是成为文明社会的一部分,越是需要依赖与人合作。要想获得高质量的生存和发展空间,就必须得到大家的帮助。能否与别人合作,是一个人事业成败的关键环节。从某种意义上说,我们所在的社会是个人际网络型社会,一个人要想有所成就,就必须对"合作精神"给予更多的重视。

一个人的能力本来就有限,而在当今这个科学交叉、知识融合、技术集成的大背景下,个人的作用更是日渐减小,一个人不可能同时拥有成就事业所必备的所有能力。未来的竞争将是协作型的竞争,个人的力量在激烈的竞争中往往是不堪一击的。成就事业的关键在于群体的合力。

香港首屈一指的皮革大王方新道,就是通过"找到了好的合作伙伴"而发迹的。当年皮革行中的一名小学徒,如今创办的西伯利亚皮革行,规模已堪称香港之首。

方新道待人随和、虚怀若谷,许多人都乐于与之相交。其中,程觉民、钱要基、岑主贵三人是他最要好的朋友,也是最好的合作人。

20世纪50年代,方新道在香港开了一间皮革小店,在一个陌生的环境从事一种营业范围十分狭窄的生意,其中的艰苦不难想象。而胸怀大志的方新道不想只谋温饱以遣余生,便想努力扩大自己的经营规模,又被手头不足的资金所困。

当时正在开银行的程觉民手头颇丰，接到方新道在困难之际的求援，毅然两肋插刀、倾其所有鼎力相助。程觉民的支持使方新道局面大开、财源广进。而方新道也自然是投桃报李，聘请程觉民为董事长，给其高额的贷款利率。

有了经济上的帮助，方新道就大刀阔斧地开始了自己的经营。而在早期的生意运作上，他又主要依靠自己的盟兄弟岑主贵。20世纪50年代中期是方新道皮革行的鼎盛时期，而他的每一项决策，甚至业务上的细节，都倾注了岑主贵的心血。因此，在岑主贵不幸因病去世时，方新道因痛失良友和得力助手，曾停业数日以示哀悼。

在皮革行赚了大钱后，方新道又转而兼营房地产和建筑业。而此时生意上的副手便是钱要基。20世纪60年代初，钱要基舍弃航运，离开澳门，只身来到香港。他与方新道本属于一个基督教会的弟兄，来港不久便与方新道联络甚密，且有相见恨晚之感。钱要基深谙经营之道，在他的协助之下，方新道的生意趋向多元化。方新道名下本已有贸易公司，在钱要基的策划下又大规模在房地产界寻求发展。同时，钱要基建议采取预卖楼房的政策，在香港寸土寸金的环境下，为方新道赚取了丰厚的资产。

我们不难看出，一个人孤独地奋斗是很难获得巨大成功的，只有经过和同伴和谐一致的共同努力，才可能获得人生的最大成就。正所谓"一个巴掌拍不响，万人鼓掌声震天"。当我们向成功终点冲刺时，切忌陷入单枪匹马、孤军作战的困境之中。

你有一个设想，我有一个设想，两人交换的结果就是拥有两个设想。同样的道理，当我们独自研究一个问题时，可能需要思考10次，而这10次思考几乎都是沿着同一思维模式进行的。如果进行集体研究，从他人的发言中得到启示，使自己产生新的联想，也许一次就可以完成我们自己思考10次才能想出的问题。

1+1>2是个富有哲理的不等式，它表明集体的力量并不等于个人力量的累加之和。在我们摒弃"凡事自己来"这样思想的同时，不但会成就事业，还会在通力协作的过程中让普通朋友逐渐变成好朋友，从而使我们原有的交际模式得到彻底的改变。

有效沟通，事半功倍

在现代企业管理中，大部分的管理失误都是沟通不畅或不当所致。正如社会学家分析现代社会失败的婚姻中，70%是由于缺乏沟通导致的一样。可见，有效的沟通已成为当今人们不得不认真对待的问题。

沟通不是目的，而只是一种手段。我们并不是为了沟通而沟通，而是通过沟通交流信息、解决矛盾。同时，沟通不是一个点的结果，而是一个贯穿于日常生活中的过程。它不是一次接待或一次正经的座谈会就可以囊括的，而是包括了日常信息收集、信息交流和沟通结果落实等诸多方面。

与以往不同的是，我们这里说的沟通并非是偶尔为之，或是非要等出了问题，有了矛盾后才应急，而是日常性地主动交流与听取、分享与促进。也许我们更应改变的是一种观念，要知道，朋友之间的交往如亲情、爱情一样，都是需要经营的。而有效的沟通则是美好经营最重要的基础。

古人把五味沟通称之为"和"，把五音沟通称之为"谐"。由此可以看出，沟通不仅仅是一个口耳相传的简单动作，也是用心去调动我们所有的感官，感其所受，知其所情。若想达到这样的效果，平等与礼节是首要的。在传递信息时，要充分考虑到对方的情感因素，做到平等相待，善于换位思考。在此基础之上学会倾听，注重沟通的连贯性。当对方陈述或表达自己的意思时，要耐心倾听，仔细分辨，以平和的心态接纳其表述的完整。即使有不同意见，最好也不要中途打断，以保证沟通的顺畅。

可以说，越是富有情感的沟通，越能体现出它的有效性。成功的管理者往往都极其重视外向且颇为感性的沟通。

在彼得·德鲁克看来，被誉为第一位成功的职业经理人、20世纪最伟大的

CEO——艾尔弗雷德·P·斯隆，之所以能够在 20 世纪二三十年代把通用汽车建设成为世界第一的汽车制造公司，正是得益于与顾客的有效沟通，从而让顾客和他一起把事业干出来。

无独有偶，美国社会上最有影响的十大企业家之一、麦当劳外送店的创始人雷·克洛克，也得益于他的"走动管理"。他花费了大部分工作时间到各个分公司及其下属部门走走、看看、听听、问问。

曾经，麦当劳公司一度面临严重亏损的危机，经考察，雷·克洛克发现其中一个重要原因是公司各职能部门的经理有严重的官僚主义，习惯于躺在舒适的椅背上指手画脚，把许多宝贵的时间耗费在抽烟和闲聊上。

于是，雷·克洛克想出一个"奇招"：将所有经理椅的靠背锯掉，并立即照办。这给克洛克招来很多非议。但渐渐地人们就体会到了他的一番"苦心"。他们纷纷走出办公室，深入基层，开展"走动管理"；及时了解情况，现场解决问题，终于使麦当劳扭亏为盈。

有效的沟通往往能带给我们事半功倍的改变，但有些基本原则却并非都是我们容易掌握的，所以需要格外注意。首先，在与朋友交流时，不要想当然地认为对方能够领悟我们没有直接表述的意思。问题越复杂，这个原则越重要。有时我们想当然地认为听众和自己一样了解问题的背景信息，可以牢牢把握所要讨论的问题。但实际上，可能对方对这些信息根本一无所知。所以，当我们拿不准的时候，最好能清楚地讲明，以免造成理解上的偏差。

其次，不要将主观看法当做客观事实。也就是说，我们决不能对主观命题的真假作出随意的判断。要想让某个主观命题被大家接受，用论证取代随意，往往让具有不同意见的沟通进行得更加顺畅。

再次，要避免使用模糊和多义的语言。这是制约有效沟通的两个典型因素，因为它们通常都不能明确表达出某个特定的观念，而是游走于不同的观念之间。一个词语的指代物不明确，那就是模糊的。在使用一些较为抽象的词语时，一定要对其作出准确的解释。其中，容易引起模糊的一个分支是双重否定。要想改变以往冗繁低效的沟通模式，就尽量不要使用双重否定。与其说"这里不是不欢迎她来"，不如直接说"这里欢迎她来"让人更容易明白。

最后，要根据对象选择合适的语言。沟通的关键是理解，不要对着外行人说业内行话。要知道沟通最忌讳的事情之一就是故作高深，让人云里雾里。

在学习、掌握以上原则的同时，就在潜移默化地改变着我们自身的一些交流习惯。如此，不仅可以避免误会，还能让我们的人际关系从此打开一个崭新的局面。

第22章　主动承担责任，给事情一个公正的说法，是一种让

　　犯错在所难免，但是你陈述过失的方式，却能影响上司心目中对你的看法。勇于承认自己的过失非常重要，因为推卸责任、寻找借口，只会让你看起来就像个讨人嫌、软弱无能、不堪重用的人。一个缺乏责任感的人，或者一个不负责任的人，首先失去的是社会对自己的基本认可，其次失去了别人对自己的信任与尊重，甚至也失去了自身的立命之本——信誉和尊严。

做人做事"职业化"，一个台阶也不放过

　　我们都知道，一个人能不能有发展、会不会获得成功，智商和情商都很重要。但仅仅有这两点还不够，作为职场人士来说，除了智商和情商，更要重视"职商"。

　　如果我们想提高自己的能力，就必须努力提高自己的职业素养与智慧，也就是所谓的"职商"。"职商"就是从事职业的素养与智慧，而素养则是我们平时养成的习惯。工作中我们常看到有些人虽然很有能力，但在职场上却不能获得成功，究其原因就是缺乏"职商"。可以说一个人的成功在很大程度上取决于他的"职商"，"职商"越高的人，在职场上越有竞争力，也越容易获得成功。

　　在荷兰，一个初中刚毕业的青年农民在一个小镇找到了门卫工作，他在这个岗位上一干就是 60 年。在这个清闲的岗位上，他没有悠闲，而是选择了打磨镜

片,一磨就是 60 年。他是那样的专注和细致,技艺超过了专业水平,磨出的复合镜片的放大倍数比专业人士都高,借助他磨的镜片,他终于发现了当时世界还不知晓的另一个广阔的世界——微生物世界.

他获得了巴黎科学院院士的头衔,英国女王亲临小镇去看望他。他老老实实地把手中的镜片磨好,不仅成为了科学家,而且,因为专注和敬业,他的美名在当地盛传。

敬业,是事业成功的源泉,是一种职业素质、职业精神的表现,是一种做事做人的境界。敬业,是一种高尚的品德。对自己所从事的职业怀着一份热爱、珍惜和敬重的心情,不惜为之付出和奉献。

敬业不仅仅是一个概念,更是一种实际行动。如果我们像老板一样把敬业变成一种职业习惯,我们就会发现,我们不但可以从中学到许多知识,积累许多经验,还能从全心全意、尽职尽责投入工作的过程中得到欢乐。可以肯定的是,那些缺乏敬业精神的人,是无法取得真正的成就的。

其实,一个人无论从事何种职业,都应该尽心尽责,尽自己最大的努力,求得不断的进步。这不仅是工作的原则,也是人生的原则。如果没有了职责和理想,生命就会变得毫无意义。无论你身居何处,即使在贫穷困苦的环境中,如果能全身心投入工作,最后就会获得成功和快乐。

当我们将敬业当成一种习惯时,就能从全身心地投入工作的过程中找到快乐。既然社会给了我们工作的机会,给了我们发展的空间,给了我们生活的物质保障。我们每个人应该尽自己的责任,才能无愧于心、无愧于自己。敬业是一种习惯、一种美德,也是成就事业的首要条件。无论从事什么工作,请记住,敬业不仅仅是为了工作或者别人,更是为了你自己。

上司只要结果，不会判断谁是谁非

借口可能会让我们暂时逃避了困难和责任，获得了些许心理的慰藉。但是借口给我们带来的危害一点也不比其他任何缺点、错误、失误少。让我们把寻找借口的时间和精力用到努力工作上来。因为工作中没有借口，人生中没有借口，失败中没有借口，成功中没有借口。

但是，在实际工作中，当我们在遇到麻烦或者是为公司造成损失的时候，通常都不敢去面对现实，大多数人的第一想法是"都是某某不好"、"某某是怎么搞的"。这就是不敢承担责任的表现，是推卸责任的潜台词，言下之意是："此事与我无关。"

有一个毕业于名牌大学的工程师，有学识、有经验，但犯错误后总是自我辩解。他应聘到一家工厂时，厂长对他很信赖，事事让他放手去干。结果，却发生了多次失败，每次失败都是他的错，可他总有一条或数条理由为自己辩解，说得头头是道。因为厂长不懂技术，常被他驳得无言以对、理屈词穷。厂长看到他不肯承认自己的错误，反而推脱责任，心里很恼火，只好让他卷铺盖走人。

"没有任何借口"是美国西点军校 200 年来奉行的最重要的行为准则，是西点军校传授给每一位新生的第一个理念。它强化的是每一位学员想尽办法去完成任何一项任务，而不是为没有完成任务去寻找借口，哪怕是看似合理的借口。秉承这一理念，无数西点毕业生在人生的各个领域取得了非凡的成就。

1861 年，当美国内战开始时，总统林肯还没有为联邦军队找到一名合适的指挥官。

林肯先后任用了 4 名总指挥官，而他们没有一个人能"100%执行总统的命令向敌人进攻，打败他们。"

最后,任务被格兰特完成。

从一名西点军校的毕业生,到一名总指挥官,格兰特升迁的速度几乎是直线的。在战争中,那些总是能完成任务的人最终会被发现、被任命、被委以重任。因为战争是检验一个士兵、一个将军到底能不能完成任务的最佳场所。

执行任务,然后完成。这是千百年来每个士兵乃至将军最基本的职责。军人的天职就是无条件地去执行上级的命令,全力以赴地完成,即使牺牲自己的生命也在所不惜。而这些最基本的品质却在我们的社会上日渐消失,一个人一旦拥有了这种品质便会被人们称为"优秀"或者"卓越",殊不知,在那些真正的勇士看来,这只是成为勇士的一个基本条件。

当格兰特将军赢得了战争的胜利,开辟了美国历史的新一页后,很多人开始寻找格兰特制胜的原因。后来,格兰特将军做了美国总统,有一次,他到西点军校视察,一名学生问格兰特:

"总统先生,请问是西点的什么精神使您勇往直前?"

"没有任何借口。"格兰特回答。

"如果您在战争中打了败仗,您必须为自己的失败找一个借口时,您怎么做?"

"我唯一的借口就是:没有任何借口。"

英国大都会总裁谢巴尔德在位时有一句名言:"要么奉献,要么滚蛋。"他强调:"在其位,谋其政,不要找任何借口说自己不能够、办不到。"他要求他的下属在他面前不能因干不好工作而找理由推脱责任。一次,一个员工为了一件极难办的事找他,说自己尽力了,并说出许多客观理由,最后说无论怎样,这件事都"办不到"。谢巴尔德听后觉得这个下属就是怕得罪人、牺牲自己的利益,于是就轻声对他说:"够了,够了,现在我需要的不是这些好理由,而是要你仍旧照我的命令去做,否则,你就别做这个部门的经理。"

谢巴尔德的做法很正确,他就是要让下属明白,对于自己应该承担的责任就该负责,而不能随便找个理由推脱,这样才是一个称职的员工。

通常，家电公司在开会前，都会配给出席者一些资料，但有一次却漏印了部分资料，而这错误是因为负责影印的新进职员马虹忽略所致。虽然这一部分资料对会议的进行并没有造成什么大的阻碍，但马虹将会受到上司的指责，这一点是毋庸赘述的了。

但是，马虹却对上司说："对不起，请您把资料再借我一下。"并且表示要重新影印，把完整的资料送给出席会议者。

这时，上司对马虹的工作能力重新做了肯定。这是因为不只是道歉，而且她想办法要补救的态度，令上司觉得她有强烈的责任感和诚意。当然，她并非有意这么做，但结果却给了上司一个好印象，因此可说她做了很好的自我表现。

犯错在所难免，但是你陈述过失的方式，却能影响上司心目中对你的看法。勇于承认自己的过失非常重要，因为推卸责任、寻找借口，只会让你看起来就像个讨人厌、软弱无能、不堪重用的人，不过这不表示你就得因此对每个人道歉，诀窍在于别让所有的矛头都指到自己身上，坦诚能淡化你的过失，转移众人的焦点。

因此，千万别找借口！在现实生活中，我们缺少的正是那种想尽办法去完成任务，而不是去寻找任何借口的人。在他们身上，体现出一种服从、诚实的态度，一种负责、敬业的精神，一种完美的执行能力。

承担责任，树立良好的职业形象

树立良好的职业形象是建立在坦率承担的基础上的。一个人再能干、再聪明，也总有犯错误的时候，犯错误没关系，只要你想办法去补救，只要你坦率地接受错误，你仍然可以立于不败之地。

林新是一家大型建筑公司的工程部经理。由于他口才好，又极懂得周旋，上司安排他去处理公司在外地的一桩工程收尾过程中与当地居民发生的纠纷,希望他与外地公司的几位负责人共同协调,把这件事处理妥当。

但林新觉得,这些事务不属于他的职责范围,因而工作起来不积极。在处理具体事务时,又自恃是总裁派来的人,总是一意孤行,不与分部负责人积极配合,结果没把事情办好。加上他不了解当地的民俗民情,还与当地居民发生了尖锐的冲突。可当总裁责怪他时,他却把责任统统地推到分部负责人的头上。总裁对事情进行了一番详细的调查后,终于了解了事情的全部过程,不但给了林新罚薪处分,还对林新的人品和能力产生了极大的怀疑。

事隔不久,林新又因为公司业务,与分部那几位负责人进行了工作方面的交接,大家都记恨他当初嫁祸于人的做法,借机报复他,导致林新业务上的失败。无奈之下,林新不得不辞职,离开了这家极有发展前途的公司。

像林新这样明目张胆地嫁祸他人,做法固然令人厌恶。但是,假如在一个公司内部,找替罪羊成了一种风气,责怪别人成了一种习惯,大家都互相埋怨、互相推卸责任,就不会再感到道德的压力与约束了。于是,推卸责任变得理所当然起来。

一个人要想有所成就,就不要奢望别人主动地来关注自己,尤其是作为一名企业的员工,更不可奢望上司或老板会主动关注自己,而是要积极主动地把自己的才干展示给他们看。只要尽职尽责地做好各项工作,并敢于承担责任的人,才可能被赋予更多的使命,才会给别人留下一个好印象,才能是让别人发现自己的才能,实现自己内心的愿望。

林强高考落榜后就随本家哥去沿海的一个港口城市打工。那城市很美,林强的眼睛就不够用了。本家哥说,不赖吧!林强说,不赖。本家哥说,不赖是不赖,可总归不是自个儿的家,人家瞧不起咱。林强说,自个儿瞧得起自个儿就行。

林强和本家哥在码头的一个仓库给人家缝补篷布。林强很能干,做的活儿精细,看到丢弃的线头碎布也拾起来,留作备用。

那夜暴风雨骤起,林强从床上爬起来,冲到雨帘中。本家哥劝不住他,骂他是个憨蛋。在露天仓垛里,林强察看了一垛又一垛,加固被掀动的篷布。待老板驾车过来,他已成了个水人儿。老板见所储物资丝毫未损,当场要给他加薪,他就说不啦,我只是看看我修补的篷布牢不牢。

老板见他如此诚实,就想把另一个公司交给他,让他当经理。林强说:"我不行,让文化高的人干吧。"老板说:"我看你行——比文化高的人责任感强!"林强就当了经理。

我们不难发现,在工作中责任感强的人,工作上的表现都是很优秀的,因为一旦具备了强烈的责任感,人们就会全力以赴,这样就可以在工作中掌握更多的知识、积累更多的经验,就可以体会到工作带给自己的无限乐趣,把责任感与工作合二为一,把个人利益与企业利益融为一体,才会提高工作效率以及工作的能力,给企业带来成功,同样地自己也取得了成功。

因此,你应该努力做一个有责任感的人,无论对自己还是别人,都应该多给别人以帮助和鼓励,你自己不但不会有损失,反而会有所收获。一旦你拥有了这种责任感,你便具备了超强的自制力,可以控制自己随时产生的冲动,并驾驭自己的思想。你就会感觉到,你的内心正在产生一种全新的、无声的力量。

不怕一时受委屈,最终的事实会为你说话

我们经常听到人们说:某人没有责任感,不可靠;某人很负责,值得赞赏;某人总是谤过推功,没有责任心,要尽量避免跟他接触……任何一种说法都离不开"责任"两字,每种说法都对人做了一个深刻的评价,将不可避免地影响到这个人以后的人际关系和事业发展。因此,你需要勇于承担责任。

人非圣贤,孰能无过,知错能改,善莫大焉。发现错误的时候,不要采取消极的逃避态度,而是应该想一想自己应怎样做才能最大程度地弥补过错。只要你能以正确的态度对待它，勇于承担责任，错误不仅不会成为你发展的障碍，反而会成为你向前的推动器，促使你不断地、更快地成长。任何事情都有它的两面性，错误也不例外，关键就在于你从什么样的角度去看待它，以怎样的态度去处理它。

这天，一份由上司周科长主导完成、曼芸参与准备工作的广告策划方案出现了重大的错误，引起了客户的强烈不满，这令公司的老总非常生气。事发之后，周科长主动去找老板谈了话，随后周科长又请曼芸去喝咖啡。周科长告诉曼芸说自己已经向老板承认错误了，同时周科长提醒曼芸，老板知道她也参与了准备工作，所以建议曼芸第二天一早主动去向老板承认自己的不足，表现得积极诚恳一点，能在老板那里扳回印象分。这令曼芸非常感动，觉得自己遇上了事事护着自己的好上司。然而，第二天一早，还没等曼芸去找老板，老板就把曼芸狠批了一顿。

从老板批评的话语中，曼芸已经知道周科长将所有的责任都推到了自己的身上，她当然感到委屈了；但事情已经这样了，在老板面前争辩反而会越描越黑，只会让老板更加生气。于是曼芸主动并且诚恳地向老板承认了自己的错误，并向老板保证，自己一定会尽最大努力把这件事解决好！

从老板那里回来后，曼芸首先去了客户那里，在跟客户诚恳地道歉之后又得到了一个改正错误的机会，于是在接下来的几天中，曼芸加班加点，广泛地收集资料并做了深入的研究，最终她不仅仅弥补了上次周科长所犯的错误，还给了客户一个更加满意的策划方案。这让老板开始对曼芸刮目相看，特别是在了解了事件的原委后，老板更是对曼芸欣赏有加，破格提升她为策划总监。

很显然，周科长在"向老板承认错误"时把主要的责任都推到了曼芸身上，自己只是承担了管理不足的小罪名。面对这种情况，曼芸没有去为自己辩解，而是默默地忍耐，并在老板面前为自己争取到了表现的机会，因此而迎来了无比光明的职业坦途。

做每一份工作的同时，也即意味着需要我们承担其中的责任。但是，承担责任并不是一件轻松的事情，由于要有一定的付出，甚至要做出某种牺牲，很多人都会在承担责任时感到很辛苦、压力很大，因而心中总是惴惴不安——这就是责任感、使命感。

爱默生说："责任具有至高无上的价值，它是一种伟大的品格，在所有价值中它处于最高的位置。"责任，从本质上说，是一种与生俱来的使命，它伴随着每一个生命的始终。只有那些能够勇于承担责任的人，才有可能被赋予更多的使命，才有资格获得更大的荣誉。一个缺乏责任感的人，或者一个不负责任的人，首先失去的是社会对自己的基本认可，其次失去别人对自己的信任与尊重，甚至也失去自身的立命之本——信誉和尊严。

李杰和王平新到一家速递公司，被分为工作搭档，他们工作一直都很认真努力。老板对他们很满意，然而一件事却改变了两个人的命运。一次，李杰和王平负责把一件大宗邮件送到码头。这个邮件很贵重，是一个古董，老板反复叮嘱他们要小心。到了码头，李杰把邮件递给王平的时候，王平却没接住，邮包掉在了地上，古董碎了。

老板对他俩进行了严厉的批评。"老板，这不是我的错，是李杰不小心弄坏的。"王平趁着李杰不注意，偷偷来到老板办公室对老板说。老板平静地说："谢谢你王平，我知道了。"随后，老板把李杰叫到了办公室。"李杰，到底怎么回事？"李杰就把事情的原委告诉了老板，最后李杰说：

"这件事情是我们的失职，我愿意承担责任。"

李杰和王平一直等待处理的结果。一天，老板把李杰和王平叫到了办公室，对他俩说："其实，古董的主人已经看见了你俩在递接古董时的动作，他跟我说了他看见的事实。还有，我也看到了问题出现后你们两个人的反应。我决定，李杰，留下继续工作，用你赚的钱来偿还客户。王平，明天你不用来上班了。"

两个人对问题的不同态度决定了他们不同的境遇：李杰有责任感，被留了下来，而王平则被淘汰了。

面对犯错的最佳对策便是勇敢承担责任。对待错误的态度从某种程度上可以说是一个人的敬业精神和道德品行的体现。是自己的责任就要全力承担，一定

争与让 的人生智慧课

不能推卸，要诚恳地承认错误，并积极地寻求补救的办法。如果不是由于自己的过失造成的，也不要急于替自己辩白，应首先着眼于公司的利益，等事情得到了妥善处理，事情的真相自然会浮出水面。如果你确实被误会了，你的同事和上司也会在事实中看到，还你一个清白。你一定要相信，只有敢于承担责任的人，才有可能做成大事。

不逃避，勇敢地担起责任

在职场中，总有一些人整天发着牢骚："我都来公司这么久了，一直得不到重用，我在考虑换工作了……""努力工作又怎么样？老板根本不在意……""这不是我一个人的错，凭什么扣我的奖金……"他们每天想着晋升、加薪，想着有一天能够得到老板的器重，成为公司的顶梁柱。可惜，他们要失望了，因为"抱怨"暴露了他们的缺点：没有责任心！

努力工作是每一个员工的职责，老板雇用你来担任某一个职位，目的不是为了听你发牢骚，说工作中有多少麻烦和不顺利。你想要获得别人的肯定，实现自我的价值，首先要做的就是承担起你应负的责任，做个敢于担当的人。一个连本职工作都无法承担的人，又凭什么让老板器重你呢？这个世界上，取得成就的人，往往都是那些勇敢担起责任的人。

几个小男孩在踢足球，其中一个男孩不小心将球踢到了邻居家的玻璃上，玻璃碎了一地。邻居家的老人气冲冲地走了出来，责问是谁干的。伙伴们都被吓跑了，只有那个小男孩没有跑。他低着头走到老人的面前，说："对不起，是我打碎了您家的玻璃。请原谅我。"这个老人非常固执，坚决要让小男孩赔偿。无奈之下，小男孩只得回家拿钱。

小男孩回家后，如实地说明了情况。母亲觉得，孩子年龄小，把钱赔给老人就算了。可男孩的父亲是个严厉的人，他并没有因为孩子年纪小而原谅他。沉默了片刻后，父亲冷冷地对他说："家里虽然有钱，但这是你的错，你必须要对你的行为负责。"接着，父亲拿出了15美金，说道，"这是我借给你的，你必须想办法还给我。"小男孩接过钱，连忙跑去赔给了老人。

不过，父亲的话小男孩一直记在心里。后来，他一边上学一边打零工。可是，他年龄太小了，能做的工作很少，也只好去餐馆帮人洗碗，平时再捡些废品。辛苦了几个月，他终于攒够了15美元，并自豪地还给了父亲。父亲很欣慰，他拍着男孩的肩膀说："一个能为自己的过失负责的人，将来一定会有出息。"

许多年后，这个小男孩成了美利坚合众国的总统，他就是里根。后来，里根在回忆这段往事的时候，总是意味深长地说："那次闯祸之后，我懂得了做人的责任。"

我们每个人都该为自己的言行负责，若是一味地逃避责任，是无法取得大成就的。这种责任心不仅体现在生活中，在工作方面更为重要；否则的话，就无法高质量地完成领导交付的任务，并且还会打消工作的积极性和创造性，对工作敷衍了事，偷奸取巧，不断地抱怨辛苦。这种做法直接导致了一个结果：工作没做好，得不到重用。

每个人都希望得到老板的赏识，得到自己渴望的职位，可这一切需要用努力和责任心去换取。有些人总想着晋升是一件多么风光、有面子的事，终于有权力去指挥别人，找到了自己的价值，可他们却没有想到，权力和责任是成正比的。领导考虑提升你，主要看的就是你是否勇于承担责任。还有些人觉得自己在工作中偷懒，老板根本不知道，殊不知老板也是依靠着阅历和奋斗才有了今天的成就，他们也是从员工做起来的。他会洞察到作为员工的你在工作中任何一个细小的问题，但是员工却理所当然地认为自己可以逃过老板的眼睛。

带着责任心去工作，并不是做给谁看，而是一种务实的态度。怀着这样的心态做事，才能够对工作产生兴趣，才能够有更好的创意，发现别人难以发现的问题，做到别人难以做到的事情，进而让老板发现你的才能，最终实现自己的目标。如果你总是逃避责任，老板给你指出了错误，你也不敢承认，那么他自然会认为

争与让的人生智慧课

237

你没有担当，这样一来，你的晋升之路就被自己堵死了。试想：如果你是领导，一个人连本职工作都要抱怨的人，你可能将更大的重任交给他吗？

责任之中蕴含着机会

"我不是不努力，也不是没追求，只不过没有遇到好的机会！"许多人曾经都有过梦想，却始终无法实现，最后只剩下牢骚和抱怨，他们把这归咎于缺少机会。他们并没有想过：梦想只有在脚踏实地的工作中才能够实现。当你感觉自己的职业道路不顺畅，或是缺少机会的时候，不要抱怨外界的环境，而是要问问自己：你勇于承担责任了吗？

责任和机会有什么关系？相信不少人会提出这样的疑问。其实，你不必感到诧异，责任与机会之间存在密切的关联，只是习惯抱怨的人往往都只看到了责任和辛苦，一心想着逃避，却忽略了责任里面蕴含着机遇。机会总是隐藏在责任的深处，只有聪明的人，才能发现它的蛛丝马迹。

王蒙是一名经验丰富的业务员。近期，公司准备开发西北地区的市场，老板将这一重任交给了他。在别人看来，西北地区的市场并不好做，谁拿到这个活儿算谁倒霉，既辛苦又可能赚不到钱。但是，王蒙接受了这个任务。他心里明白，虽然这个任务不好做，但若做好了，也是个不错的发展机会。

接下来的两年，王蒙一心在西北开发市场，他的努力和勤奋没有白费。他为公司争取到了几个大客户，老板十分高兴。后来，王蒙被任命为西北地区的市场总监。

从表面上看，老板让王蒙开发西北市场，是一个"烫手的山芋"，很多人都避而远之。但王蒙心里却知道，这实际上也是老板给自己的一个机会，毕竟自己做好一件众人不愿意做、不好做的事，就是在展示自己的才能。换句话说：责任之中隐藏着机会,就看你有没有发现,有没有勇敢地去承担那看似不美好的责任了。当然,反过来说,机会中也隐藏着责任。王蒙被任命为西北地区的市场总监之后,表面上看是提升了,可实际上他要做的事情比过去更多了,而且肩上的胆子也更重了,他必须要承担起一个合格的经理要承担的责任。

很多身在职场中的年轻人都很迷茫,一直问:"机会在哪里呢?"机会在每个人的身边,那些抱怨者通常会把手边的机会拱手让人,因为他们没有认识到责任就是机会。他们害怕责任,看到责任就想躲开,可以说这是人类的一种劣根性。他们总是说着自己多么辛苦,希望轻松地工作,可是这种好事可能从天而降吗?不愿意承担责任的人,迟早会被老板扫地出门,即便是暂时还能够滥竽充数,也会让自身的能力逐渐退化,最终被社会淘汰。相反,那些在工作中勇于承担责任的人,总是会与机会不期而遇。

约翰和一名年轻人同时进入一家五金商店工作,每周薪水2美元。上班第一天,老板对他们说:"你们必须要认真地对待这份工作,做到熟门熟路,这样才能成为对我们有用的人。"

老板走后,那名年轻人抱怨道:"一周2美元,这么少的薪水还值得认真去做吗?"约翰没有吱声,虽然工作内容很简单,但他每天都用心去做。

约翰是个细心的人,他在商店里工作了几个星期后,发现了一件事:老板每次都要认真检查那些进口的外国商品,而那些账单上用的都是德文和法文。于是,约翰开始自学德文和法文,并仔细研究那些账单。有一天,老板在检查账单的时候感到非常疲倦,见此情形,约翰便提出帮助老板检查账单。他做得实在太出色了,令老板非常吃惊,之后那些账单自然就由约翰掌管了。

一个月后,约翰被叫到办公室。老板对他说:"约翰,公司打算让你来主管外贸。这个职位非常重要,我们需要认真负责、能胜任的人来做这项工作。现在,公司里有很多与你年龄相仿的年轻人,但只有你发现了这个机会,并凭借自己的努力抓住了它。我做这行已经40年了,你是我亲眼见过的三位能从工作中发现机遇并紧紧抓住它的年轻人之一。其他的那两个人,如今都已经拥有了自己的公司。"

争与让 的人生智慧课

约翰的薪水很快就涨到了每周 10 美元。一年后，他的薪水是每周 180 美元，并经常被公司派往德国和法国进行谈判。老板对约翰的评价很高，他说："约翰在 30 岁之前，很有可能成为公司的股东。他已经从平凡的外贸主管的工作中看到了这个机遇，并在努力地抓住这个机会。虽然需要做出一些牺牲，但这是值得的。"

从约翰的成功故事中，我们应该看到一点：机遇究竟隐藏在哪里谁也无法预料，但是责任有可能带来机遇，这是毋庸置疑的。若是再进一步推论，可以说：一切工作都能够带来机遇，只要你对它负责。

一个坚守责任的员工会把一切困难、压力和委屈都视为工作的一部分，并毫无怨言地去面对和承担。在他们的职业字典里，只有"责任高于一切"、"这是我应该做的"，而没有"抱怨"两个字，成功的机遇偏爱这样的人。相反，那些焦急地抱怨没有机遇的人，成功对他们从来都是绕道而行。作为职员，一定要记住：责任和机会成正比。没有责任就没有机会，责任越大机会越多，责任越小机会越少。机会从来都不是独来独往，它或是牵着责任的手，或是与责任合二为一。所以，伸出你的双臂去拥抱责任吧！很快你就会发现，你抱住的不只是辛苦，还有成功！

认真负责让你受益更多

爱默生说过："责任具有至高无上的价值，它是一种伟大的品格，在所有价值中它处于最高的位置。"在优秀员工的价值观中，责任高于一切，它指导着一切思想和行动。从接到任务那一刻开始，责任感就指挥着他积极思考如何完美地完成任务。所以，他们从来都不会抱怨，就像树木不会拒绝把根茎深入坚硬的岩土层，因为那是它们生命的职责。

有些人总觉得，自己努力工作是有益于公司和老板，是在为企业创造价值。实际上，认真负责，最终的受益者还是自己。不管在哪里工作，从事什么样的职业，只要认真地对待每件事，尽力做到最好，最终都会让你得到意外的收获。

1853 年 8 月 24 日，乔治·柯兰姆在美国纽约的一家餐厅做厨师，餐厅身处一流的度假胜地，到那里就餐的人都是一些有身份的人，或是富豪。当时，那里有一道正宗的法国式炸马铃薯条，很受客人的欢迎。这是 17 世纪风靡法国的食品，因当时的美国驻法大使托马斯·杰斐逊非常喜欢吃薯条，于是就把制作方法带到美国，并在蒙蒂塞洛把炸薯条当做一道正式晚宴菜肴招待客人。乔治一直都按照标准的法国尺寸来制作薯条。

有一次，纽约的一些富翁到乔治所在的餐厅就餐，其中有位客人很是挑剔，他一直抱怨薯条切得太厚，让他觉得难吃，因此拒绝付账。为了让客户满意，乔治又重新切得薄一点，做好端给他。可是，那位客人仍然不满意，还是说薯片太厚了。

周围的服务员将这一切尽收眼底，私下里抱怨那位客人不讲理，乔治心里自然也不高兴。不过，他没有说什么，既然是厨师，就要让客人吃得满意，这是他的职责。于是，乔治再一次进行"改良"，他将马铃薯切得很薄很薄，薄到一炸之后又酥又脆，根本无法用叉子叉起来。可惜，这样的做法已经与正宗的法式炸马铃薯标准大相径庭了。不过，乔治心想，既然是按照客人要求做的，也许他会很满意呢。如果他不满意，那他也会意识到是自己的错误。

看到闪着淡黄色油光、薄得像纸一样的薯片，客人非常满意。更有意思的是，其他的客人也纷纷让乔治为他们制作这样的薯片。

自此之后，这种被称为"萨拉托加薯片"的食品便成了菜单上的一大特色。不久后，人们将这种薯片包装起来，在当地发售，很快便风靡整个新英格兰地区。后来，乔治开了一家属于自己的餐厅，并将这种薯片作为餐厅的招牌菜品。当时，想要吃到这样的薯片是很不容易的，因为马铃薯需要手工削皮和切片，很考验厨师的刀工。20 世纪 20 年代之后，马铃薯削皮机问世了，薯片成了世界上销售量最大的零食，而乔治这个薯片的发明者也名垂青史了。

对于一个厨师来说，让一个挑剔的顾客变得满意并不是什么大事，即便做不

争与让 的人生智慧课

到也没关系,顶多失去一个回头客罢了。但是,如果你能够做到,并尽力做到让对方满意,那就可能产生一连串意想不到的效果。可以说,承担更大的责任是一种宝贵的职业素养,无论你身处哪个阶层,承担多大的责任就有多大的成功。而且,你的勇于承担和默默承受,也能够让你周围的人更加关注你、信赖你,从而给你更多的机会,让你受益。

在工作中,有些人态度不够端正,总觉得自己担任的角色不重要,事情做好做坏意义不大,甚至用自己的职位来决定自己的付出。其实,这样做的结果只能是让自己碌碌无为,因为你不甘愿付出,没有负起你的责任,自然也就不会得到他人的重视。我们身边有不少人,他们的岗位很平凡,但他们却做得很出色,最终让自身的光芒超越了那些自认为比他更好的人。

经过朋友的介绍,退休工人老李到一家家具厂做仓库管理员。库管的工作并不是很累,只是需要细心一点,每天按时关灯、关好门窗,注意防火防盗等等。老李将这些事情做得非常认真。他每天都清楚地记录来往工作人员的提货信息,并将货物整齐地码放好,虽然没有人要求他打扫卫生,但仓库各个角落每天都被他打扫得很干净。

一转眼,老李在家具厂工作了三年。这期间,仓库里没有发生过任何一次盗窃和失火的事故,而且其他工作人员每次都能够在最短的时间内提取需要的货物。在工厂建厂 10 周年的庆功会上,厂长按照老员工的级别亲自为老李颁发了5000 元的奖金。

见此情形,很多老员工有些不服气,他们抱怨:"老李才做了三年啊!怎么能够和我们这些老员工相提并论呢?"

厂长自然也想到了这一点,在颁奖后,他解释道:"这三年来,我从来没有检查过厂里的仓库。这并不是说我的工作做得不到位,其实我对仓库的保管情况十分了解。老李是一名普通的仓库管理员,但他工作三年来,没有出过丝毫的差错,而且非常积极地配合其他部门的员工,尽职尽责。他的工龄虽然不长,但他却和老员工一样爱厂如家,所以他拿到这个奖金是理所应当的!"

不必过多解释，从这些故事中你也一定看到了，那些对工作认真负责的人，就是最大的赢家。如果你渴望在工作中受益，从现在开始就丢掉抱怨，负起那些属于你的责任吧！

不要因为抱怨疏忽了细节中的责任

1967 年，苏联"联盟 1 号"宇宙飞船的宇航员科马洛夫在完成任务的归途中，突然发现自己的降落伞出了故障，无法为飞船减速了。这就意味着，飞船将以飞快的速度和巨大的冲力坠落地面。科马洛夫在生命的最后一刻与家人进行告别，他对自己的女儿说：

"在学习中一定要认真对待每一个小数点，因为'联盟 1 号'飞船的坠毁就是因在起飞前的地面检查中忽略了一个小数点，这就是一个小数点的悲剧！"

一个时常被人忽略、不屑一顾的小数点，毁掉了一个杰出的宇航员和一艘飞船。我们不知道是谁疏忽了那个重要的小数点，但我们却不得不从这件事上有所领悟：如果没有用高于一切的责任心去追求每一个细节的完美，用抱怨和草率的态度对待工作，就势必会产生疏忽，而这疏忽也许就是致命的！

每一个小的工作细节，看似不起眼，但若能够将它们做得完美，就能够为整体创造辉煌；那些细微之处的不完美，就如同一个不定时炸弹，不知道什么时候就会让整体毁灭。可惜，这个道理不是每一人都明白，即便是明白也不一定能够做到。我们总是会听到这样或那样的抱怨声，诸如"不就一点儿小事嘛！至于这么劳神费力吗"、"我觉得这就是小题大做"……这些抱怨声传递出了一个信息：说话者不是一个认真负责的员工。要知道，关注细节的是责任之眼，成就细节的是责任之手。

著名企业家余世维先生因公到泰国出差，下榻世界一流的东方饭店。第一次

争与让的人生智慧课

入住时,他就对这家饭店的环境和服务非常满意。第二次再光临这家饭店时,一些细节的东西更是加深了他对东方饭店的好感。

那天早晨,他刚刚走出房门准备用餐,则听到楼层服务小姐问:"余先生,您要用早餐吗?"余先生很惊愕,他没想到服务员竟然知道自己的姓氏。服务小姐解释道:"我们饭店规定,晚上要背熟每一位客人的姓名。"余先生经常到世界各地出差,入住无数酒店,但这样的情况他却是首次碰到。

余先生乘坐电梯到餐厅,刚刚走出电梯,便听到餐厅服务小姐说:"余先生,里面请!"余先生再次惊愕了。服务小姐又笑着解释说:"上面打过电话,说您已经下楼了。"余先生十分感叹东方饭店的高效率办公。

服务小姐带领余先生进了餐厅,问道:"请问,余先生是否要老位子?""老位子?我还是去年在这里用过一次餐,难道你们还记得?"服务小姐说:"我查过记录,您去年6月8日在靠近第二个窗口的位子上用过早餐。"余先生很是激动,说:"那就还是老位子吧!"

很快,服务人员为余先生上了一份点心。点心的样子有些特别,余先生好奇地问:"中间这个红红的是什么呢?"服务小姐看了一下,后退一步解释给余先生。"旁边这圈黑色的是什么呢?"余先生又问。那个小姐又上前看了一眼,然后退一步解释那个黑色的东西是什么。余先生看到她两次回答问题时都后退一步,心里很是感叹,她知道服务小姐是为了防止口水溅到菜里。

这一次泰国东方饭店之旅给余先生留下了终生难忘的印象。后来,余先生有5年的时间都没有再去泰国。在他生日那一天,他突然收到一封东方饭店发来的贺卡,里面还附了一封简短的信:"亲爱的余先生,您已经5年没有光顾东方饭店了,我们全体人员非常想念您,希望还能再次见到您。今天是您的生日,祝您生日愉快。"

余先生当时非常感动,他发誓:如果再去泰国的话,一定还要住在东方饭店。

东方饭店能够成为世界一流的酒店,赢得客人的赞叹和感动,无不是那些完美细节创造的功劳。他们秉承"以客人为上帝"的宗旨,也做到了不仅让客人满意，还带给客人惊喜。如果他们不设身处地为客人着想，如果每一位服务员都抱怨"麻烦"、"啰唆"、"辛苦"，不能够将"顾客就是上帝"的宗旨当成自己神圣的责任，并圆满地完成它，那么东方饭店也就不是现在的样子了。

一个饭店要赢得客人的青睐和满意，要在细节上下功夫；一个企业想要谋求更好的发展，也必须注重细枝末节。同样，一个人想要在事业上取得成就，也必须注重细节，认真对待一点一滴的小事，不抱怨大材小用，不埋怨事务繁琐。因为任何一个庞大的事物都是由无数个小细节结合起来的，忽视了细节，就可能导致失败。

有人说："创造辉煌和卓越的并不是天才，而是那些微小的细节；挽救伟大事业的并不是英雄，而是高度的责任心。"没错，只有那些具备强烈责任感的人，才能够造就完美的细节。对于职场上的人而言，关注细节是不容忽视的责任。别以为责任感是多么虚无缥缈的东西，也不要以为你没肩负着神圣的使命就不用谈及责任感，只要你把该做的每件小事做好，那么它体现的就是你的责任感！

没有值得抱怨的工作，只有不负责的人

在我们身边总会有这样一种人，他们不停地抱怨自己所做的工作多么地不好，不是说太辛苦，就是说赚的钱太少，要么就说老板苛刻，经常给他"穿小鞋"。于是，他们就会想跳槽，换一份轻松而高薪的工作。可能他们日后真的找到了一份比较满意的工作，但是不久之后你就会发现，他又回到了原来的那种状态，抱怨这份工作没有看上去那么体面，有多少令人心烦的事……于是，他们又开始寻找下一份工作。

仔细想想：这个世界上本来就没有完美的事物，工作也不可能都尽如人意。有时候，并不是因为工作不好，问题出在人的身上。如果你总是一味地抱怨客观环境，而不是发自内心地去重视一份工作，尽职尽责地将它做好，那势必就会感到厌烦，进而心生厌倦。实际上，并没有什么工作值得抱怨，只有不负责的人。

托妮·莫里森是美国著名黑人女作家，1993年获得诺贝尔文学奖。莫里森小时候，家境贫寒，她从12岁开始，每天放学以后，都要到一个富人家里打几个小时的零工，十分辛苦。

一天，她因为工作的事情跟父亲发了几句牢骚。父亲听后严厉地对她说："听着，你并不是在那儿生活。你生活在这儿，在家里，和你的亲人在一起。在那里，你只管干活就行了，然后拿着钱回家来。"

此后，莫里森又为形形色色的人工作过：有的人很聪明，有的人很愚蠢；有的心胸宽广，有的小肚鸡肠。可是，莫里森却从未再抱怨过。

没有抱怨，把该做的工作做好，这是每一个员工的责任。一个人如果有强烈的责任心，那么即便一件事只有5%的希望，最后也能够变成100%的现实。

某天，武汉市鄱阳街有一座普通的6层楼房，收到了来自英国的一份函件，提醒此楼业主，该楼80年的设计年限已超过，敬请注意。原来这座楼房始建于1917年，设计者是英国的一家建筑设计事务所。

经历了80多年，远隔万里的设计单位居然仍对自己的"产品"这样负责！这座楼当时的设计者恐怕早已不在人世了，建筑工人、工程师大概也都走了，然而人不在了，责任却没有丢，这个设计所的多少批职员，一批批肩负起责任，又一代代传给后来的人。远在异国的这样一座小楼，始终有人对它负责，能做到这一点真是令人赞叹。

责任是员工的一份工作宣言，它需要员工表明自己的态度，要以高度的责任感对待自己的工作，不懈怠自己的工作，即便出现问题也敢于承担，这是保证顺利完成任务的基本条件。此外，一个人是否具备责任感，也决定了他在工作中的成就。别总觉得上司是故意挑刺儿，当他批评你工作不好的时候，你扪心自问一下：你为这份工作付出了多少？是否一直都是以高度的责任感来对待的呢？一个真正负责任的人，永远都不会为自己的工作交上一份白卷。

承担的责任与个人的价值成正比。不要一味地逃避责任，你应当为自己所能承担的一切感到自豪，把承担责任视为证明自己的最好方式。你承担责任了，就是在告诉老板：我能行！一旦领悟了这一秘诀，就能够消除抱怨，全力以赴地工作，进而打开成功之门。就算你从事的是平凡的职业，有了这样一种态度，也一定能够成为一个不平庸的人。

勇于负责，才能赢得他人的尊重

有人觉得，只有拥有良好的出身、优越的地位才能够得到他人的尊重。其实不然。只要活得有尊严，勇敢地承担起责任，做个有担当的人，就能让个人魅力征服所有人。

曾经，有个士兵骑马给拿破仑送信。虽然他的腿部受了伤，道路的前方有敌人设的重重关卡，但他仍然没有休息，三天三夜滴水未沾，快马加鞭地飞奔到拿破仑的面前。当他完成这一使命的时候，一下子晕倒在地上。而他所骑的那匹马也因为疲劳过度，一命呜呼了。

他醒来后，将信交给了拿破仑。拿破仑又起草了一封信让他转送，并吩咐他骑上自己的马，迅速将信送到。士兵看到那匹装饰得无比华丽的骏马，拒绝了，他说："将军，我只是个士兵，不配骑这匹华丽的骏马。"

拿破仑说："世上没有一样东西，是勇敢而负责的法兰西士兵不配享有的。从此，这匹骏马将永远属于你。"拿破仑将自己心爱的坐骑赠予了这名士兵。在众人尊敬的目光下，士兵骑上骏马，上路了。

一个普通的士兵，从事送信的差事，可他却尽了自己最大的努力，将自己的本职工作做到了最好，这样的人就是值得人尊重的。在职场中也该如此，不管做什么样的工作，都应当静下心来，脚踏实地地去做。只要你认真地去做了，你的付出和成绩就会被大家看在眼里，你也一定会得到上司的肯定和鼓励，你取得的成绩也能够帮你赢得同事的尊重。反之，如果一个人丧失最基本的职业道德，势必会遭到他人的鄙视和唾弃。如果问什么样的员工最有魅力，可以毫不夸张地说：那些以尊敬、虔诚的心灵对待自己的职业，勇于担当的员工，是最具魅力的人！

多年前，上海一家贸易公司的应聘现场聚集了很多人。应聘者中不乏一些学历高、经验丰富的人，他们举止言谈间都洋溢着自信。然而，谁也没想到，公司的经理把一个默不作声的年轻人叫到眼前，把一个待遇不错的职位给了他。对此，很多人不理解，经理解释说："当其他人都在争先恐后地显示自己的时候，只有他把别人碰掉的公司铭牌捡了起来，并放在桌子上。"

进入公司工作后，这个年轻人依然是少言寡语，但他却在自己的岗位上付出了很大的心血，而且他经手的事情从来没有出现过差错。后来，这个公司因为经营不善，很多员工都离开了，而他却坚持留了下来。经理问他："你为什么不走呢？"他平静地说道："经营不好的公司也需要人干活啊！"虽然薪水已经远不及当初，但他做起事来依然像从前那样认真，一丝不苟。

公司终于支撑不住了。最后，经理看着年轻人递给他的这些年的记录和账目，拍着他的肩膀说："你是个值得托付大事的人！"后来，当年的经理因为财物纠纷，身陷囹圄时，临行前他把所有的地契、房产及股权证明，统统托付给了这个年轻人代为保管。

一晃，几十年过去了。

当年的经理已近耄耋之年。一天，有一位少年来拜访，少年说："家父过世，生前让我务必将此转送先生。如先生不在也定要交付先生后人。"经理打开布包之后，发现里面是当年的房产、地契、股权证明。

看到这里我们就会发现，这是很普通的责任心的问题。可是，在现实工作中，又有几个人能够保持这样一份责任心，而且是几十年呢？这不是件容易的事。越是难得，越显珍贵。在商业社会中，人们也越来越欣赏那些敢于承担责任，并能够承担责任的人。这样的人给人一种值得信赖的感觉，也只有这样的人才具备开拓精神，能为企业创造效益。

因此，我们在工作中应当保持一种负责的精神，用负责的态度去对待每一件小事，这样才能够赢得他人的尊重，为自己赢得尊严。而且，当你付出了这份责任心之后，工作自然会给你带来回报，回报给你自信，回报给你人格魅力和自尊。像对生命负责一样对工作负责吧，你一定会有巨大的收获！

不承担责任才是最大的风险

在工作中，经常会出现这样的情况：一项工作没有做好，遭到了老板的质疑时，多数人都会强调"这不是我的责任"、"我也不想这样"、"这件事不是我负责"……总之，一大堆的理由摆了出来，证明自己没有责任，不该受到惩罚。

逃避责任，是人的一种自我保护的本能。他们不希望承担不好的结果，因为害怕自己会因此而遭到惩罚，或是被老板批评，或是失去工作。可是，问题发生了，损失造成了，谁来买单呢？每个人都逃避，都咬定自己没有责任，结果就只能不了了之。如果是国家的损失，那么最后就要由人民来买单；如果是企业的损失，那就得由老板自己买单。那些逃避责任的人，或许可以逃避眼前的惩罚，保护自己一段时间，但是他们日后会遭到更为严厉的惩罚，那就是丧失机会和自己的前程。试想：如果你是老板，你会喜欢一个怕承担责任的人吗？我想，换做是谁，都会毫不留情地放弃他，让他离开，或是让他在不起眼的角落里做着一些不起眼的工作。

真正聪明的人，不管他们是普通的小职员，还是管理者，他们都会勇敢地承担起自己的责任，这是一种职业素养，更是一种自我保护的手段。虽然承担责任会有遭受处罚的风险，但若是不承担责任，那么遭受的风险更大。与丢掉饭碗相比,迎着责任前进,接受批评,给人留下一个敢于担当的印象,显然是得大于失。

王海是一家皮具公司业务部的经理。一次,他无意中得知了一个消息:公司高层决定安排业务部的人到外地处理一些非常棘手的任务。这件事前后拖了一年多的时间,不管是谁去做,难度都很大。王海不想插手这件事,便提前一天请了假。

第二天,公司高层安排任务,王海不在场,领导便将任务交给了他的助理,让助理帮忙转达。散会后,助理打电话给王海汇报这件事,王海则以自己身体不舒服为由,让助手顶替自己去处理这项事务。为了保险起见,他在电话中还将如何处理这件事的操作办法一一告诉了助理。

助理按照王海所说的办法执行了,可是事情最终还是出了意外。王海担心公司的领导会追究自己的责任,便以自己已经请假为理由,谎称并不知情,一切都是助理办理的。他心想:助理是领导安排到我身边的,现在出了事,让他来顶着,或许还有个回旋的余地。如果让自己来承担这件事的话,肯定会被降薪降职。

有句话说得好:纸包不住火。很快,公司的高层便知道了整件事情的来龙去脉,王海被毫不留情地辞退了。

作为一个中层管理者,王海不愿意承担自己的责任,而是将责任推给下属,这样的经理人显然是不称职的。他以为推卸了责任就能够逃过一劫,可没想到不承担责任才是最大的风险。我们在前面也提到过,责任与机会并存,如果他能够坦然地接下那个棘手的任务,承担起自己应负的责任,那么即便最终真的没能成功,但他尽力去做了,结局也一定比现在好得多。至少,他的所作所为让人看到了一种职业经理人的素质,还有一种做事的魄力。

可以说,职场中只有两种人:一种就是努力地辩解,另一种则是不停地表现。仔细观察就会发现,极力辩解的那些人,往往都是爱抱怨、害怕承担的人;而那些不停地表现的人,往往都是踏实认真、敢于负责的人。我们应当学会多表现,少辩解,学会承担。

比尔·盖茨曾经针对责任说过这样一句话:"如果你有很强的责任感,能够接受别人不愿意接受的工作，并且从中体会到付出的乐趣，那你就能够克服困难，达到他们无法达到的境界，并得到应有的回报。"所以，当问题出现时，别急着逃避责任，先看看到底是不是自己的原因，和自己有没有关系。当你准备去请教领导时，先自问一下：你有没有负起自己的责任？是不是一定要迈进领导的门呢？总之，时刻要记住，不能够将所有的责任都推到别人的身上，应当勇于承认错误，承担责任。

要承担责任不是一件容易的事，因为有时承担责任就等于承担风险，甚至要蒙受委屈。因此，这就要求一个人必须有广阔的胸怀，还要有顾全大局的"弃我"精神作为支撑。不过，只要是为了整个团队的利益，勇敢地担起责任，解决了问题，化解了危机，那么你的凝聚力也会因此而得到提高。只要你在自己的位置上真正领会到了"认真负责"四个字的重要意义，踏实地完成自己的任务，不管领导是否在场，都能够本本分分地做好自己的事，那么你的付出迟早会得到回报！

在其位就一定要谋其职

有人曾经就个人与位置之间的关系，请教一位成功人士："您为什么能够在自己的位置上稳如泰山？"成功人士这样回答："我在工作时会集中精力认真地做好每一件事，尽自己最大的努力把它们做到最好。换句话说，就是在其位谋其职。"

"在其位，谋其职"。这句话我们听了不下万遍，可是在实际的工作中，又有多少人能够真正地做到这一点呢？很多人都是"身在其位，心谋他职"，他们的目光总是盯着那些更高的职位，不属于眼前的职务，总觉得自己是英雄无用武之地，浪费了一身的才华，终日沉浸在抱怨中。这样的员工，即便是有真才实学，也难以成大事，因为他们在抱怨中已经错过了很多宝贵的机会。

伟人或杰出人物之所以令人佩服，是因为他们总有优于常人之处或早或迟地显示出来。以比尔·盖茨为例，他从小就有一种超乎同龄人的责任心，这一点与他日后的成就也有着密切的关联。卡菲瑞先生回忆起比尔·盖茨小时候时，写下了这样一段文字：

1965年，我在西雅图景岭学校图书馆担任管理员。一天，有个同事推荐一个四年级的学生来到图书馆里帮忙，说这个孩子勤奋好学。

很快，我就见到了那个男孩，他长得很瘦小。我先是教会了他图书分类法，并让他把那些已经归还图书馆却放错了位置的图书放回原处。

小男孩好奇地问："就像是做侦探吗？"

"那当然。"我答道。

接下来，男孩便开始穿梭在书架的迷宫中。小休时，他已经找出了三本放错地方的图书。

第二天，男孩来得更早，而且干活也更加卖力气。干完一天的活后，他正式请求我让他来担任图书管理员。

两个星期后，男孩邀请我到他家里做客。晚餐时，男孩的母亲告诉我，他们要搬家了。男孩听说要转学了，心里很是担忧，他说："如果我走了，谁来整理那些放错位置的书呢？"

男孩一家搬走后，我一直很挂念他。不久之后，他又出现在了我的图书馆门口。男孩欣喜地告诉我："那边的图书馆不让学生来干，妈妈又帮我转回到这里上学了！爸爸每天开车接送我。如果爸爸不带我，我就走路过来。"

当时，我心里很是欣慰，并确定这个男孩日后肯定会有大作为，因为他的决心如此坚定，又肯为他人着想。只不过，我无论如何也没有想到，他竟然会成为信息时代的天才，微软公司的总裁、世界首富。

比尔·盖茨在年少时就有如此强的责任心，即便做一名兼职的图书管理员，也懂得"在其位，谋其职"的道理，可想而知他在日后的事业上又是何等地认真和负责。

有位著名的跨国公司总裁曾告诫自己的员工："要么把工作做到位，要么走人。"的确，职场是一个舞台，不管自己扮演着什么样的角色，都应当尽力演得最好。因为公司里的每个位置对于企业的生死存亡都起着至关重要的作用。如果哪一个员工无法做到"在其位谋其职"，那么他所在位置的运作就会出现问题。当一个位置的价值得不到充分体现时，就会直接削弱整个企业的生命力。

每个员工都该明白，只有认真地对待自己的工作，忠诚地对待公司，充分发挥自己的作用，才能够巩固现有的位置。如果你想与自己的位置保持一种长期性的关系，就应当坚持把工作做到最好。换句话说，不管自己身处哪一个职位，把自己的工作做到位，是义不容辞的责任，更是实现自我价值的最佳途径。如果留心观察那些在职场中取得成就的人，我们就会发现，他们不管做什么事，都是本分的、认真的，他们总是在平凡的岗位上做出了不平凡的业绩，进而在后来的职场道路中平步青云，成就了心中的梦想。

所以，不管你现在做什么工作，只要已经开始做了，就不要吝啬勤奋和努力，更不要心猿意马，整天被那些不切实际的诱惑所左右。全力以赴，认真做好，这是负责任最好的表现。而且，在努力工作的过程中，你也会熟悉技艺，锻炼出稳健、耐心的性格。同时，你踏实认真的工作作风，也会赢得老板的赞赏和司事的认同，继而促进你更加积极地工作。记住，这个世界并没有要求你一定要成为某个行业的专家，但它要求你在自己的位置上付出最大的努力，如果你能够做到任劳任怨，认真负责，那么你本身就是一个了不起的人。

不必事事都要老板交代才去做

一个刚刚被老板批评了的员工抱怨道："这也不全是我的错，分配任务的时候也没有给我安排这个活啊！现在，这边出了问题，又都怪到我头上了！我还觉得冤呢……"类似的情形每天都会在各个公司里上演。他们抱怨老板不问青红皂白地批评自己，明明是老板没有安排的工作出了问题，却让自己承担后果。这看起来好像是有些"不公平"，但是转念想想："难道任何一项工作都要老板交代好，你才去做吗？工作中的主动性是说给谁听的呢？"

阿诺德和布鲁诺是同一家店铺的伙计，他们拿着同样的薪水。可是，一段时间之后，阿诺德便青云直上，而布鲁诺却还是老样子。

布鲁诺一肚子的怨气，他觉得老板对自己很不公平。一天，他到老板那里发牢骚，老板一边耐心地听着他"诉苦"，一边在心里盘算着如何跟他解释清楚他与阿诺德之间的差别。

终于，老板说话了："布鲁诺，你到集市上去一趟，看看今天早上有什么卖的东西。"

布鲁诺去了集市上，回来后向老板汇报："今早集市上只有一个农民拉了一车土豆在卖。"

老板问："有多少？"

布鲁诺又跑到集市上，回来告诉老板共有40袋土豆。

"价格是多少？"

布鲁诺叹了口气，第三次跑到集市上问来了价格。

待布鲁诺气喘吁吁地回来后，老板对他说："好了，现在你坐在椅子上别说话，看看别人怎么做。"

老板吩咐阿诺德去集市上看看。阿诺德很快就回来了，他向老板汇报说："到现在为止，只有一个农民在卖土豆，一共40袋，价格比较低。这些土豆的质量很不错，我带回来一个，您可以看看。这个农民一小时后还会运来几箱西红柿，价格还挺公道的。据说，昨天他们铺子的西红柿卖得很快，库存已经不多了。我想，物美价廉的东西老板可能会要进一些，所以我带了一个西红柿做样品，也把那个农民带来了，他现在就在门口等着呢！"

这时候，老板转过头对布鲁诺说："现在你该知道为什么阿诺德的薪水比你高了吧？"

显然，布鲁诺是个爱抱怨、习惯等待老板下命令再去执行的人。他从来都不会主动去想一些问题，只想着自己得到的比别人少，却不思索为什么。再看阿诺德，他显然是个富有责任感和主动性的好员工，他不会让老板耳提面命地嘱咐自己该做什么，怎么去做。他能够看到别人看不到的事情，能够主动承担那些别人没有注意到的细节工作，所以他比布鲁诺获得了更多被重用的机会。

　　可能有人会说了："我不做那些'分外'的事也没关系，老板不是还在重用我吗？"没错，你曾经消极怠工，老板依然还在用你，那是因为你还有其他的长处，或是他一时间没有找到更加合适的人。可是，这不代表老板不知道你是什么样的员工，一旦他找到了更加合适的人选，就会毫不犹豫地将你替换掉。职场就是这样，这是它的残酷，也是它的公平，所有的位置都只会留给那些具有责任感、有主动性、不抱怨的人。

　　1991年，在美国攻读国际 **MBA** 学位的张燕梅正式加入索尼美国公司，担任人事部国际人事专家。刚刚加入索尼不久，她便被老板藤田派去纽约工作。

　　工作几天之后，细心的张燕梅发现，靠近自己办公桌的一台传真机旁，经常散落着很多来自日本总部的文件，这些文件是发给当时索尼美国工程制造公司总裁安藤国威的。此前，总是安藤先生亲自来取，如果他没时间的话，那些传真就会堆在传真机旁边，无人理会；即便有人从这里经过，也是视而不见。

　　虽然这些事不属于张燕梅工作之内的事，但她还是决定帮助安藤先生整理这些传真，一来是有利于办公环境，二来是担心安藤先生急用这些文件。在整理时，张燕梅发现，传真上面全是日文，她根本不懂。但是，日文还是有一些和中文相同的汉字，比如"密"和"绝密"等，虽然读音不同，意思却差不多。于是，张燕梅便根据不同的"密"，分别把传真装进不同的信封，在信封上记录下传真发来的时间，然后将其送到安藤的办公室。

　　安藤回到办公室后，看到桌上整齐的信封，里面装着一份份传真，满意地笑了。

　　从那天开始，张燕梅便担负起了帮助安藤整理传真的工作。她没有丝毫怨

争与让的人生智慧课

言，也没有要求任何回报。不过，这件事却拉近了安藤国威和张燕梅的距离，安藤很喜欢这位中国姑娘，后来他们成了忘年交。

回国之后，每一次职位上的晋升，张燕梅都不愿意麻烦安藤。不过，安藤却始终留意着她。他每次来中国，都会给张燕梅打个电话，这种关注自然也让张燕梅的职场路走得更加顺利。

在实际工作中，老板不可能告诉下属他需要有人为他整理传真，也不会告诉他们自己的桌面需要整理。这些事情如果没有人去做，老板并不会责怪谁、批评谁，但若是有人主动去做了，老板势必会感动，也会欣赏他。

所以，别总是等着老板给你安排任务，你应该主动发挥自己的作用，成为一个有责任感的员工，将老板的事看成自己的事，将公司的发展视为自己的发展，用心、用行动为企业增添荣光。如果你能够做到这些，那么老板就会对你刮目相看，而你的事业也一定会更上一层楼。